浙江省普通高校"十三五"新形态教材
高等院校新工科建设规划教材系列
高等院校数字化融媒体特色教材

分析检测实验

Fenxi Jiance Shiyan

主编　余彬彬　金燕仙

ZHEJIANG UNIVERSITY PRESS
浙江大学出版社

图书在版编目(CIP)数据

分析检测实验 / 余彬彬，金燕仙主编. —杭州：
浙江大学出版社，2022.5(2024.12 重印)
ISBN 978-7-308-22539-7

Ⅰ. ①分… Ⅱ. ①余… ②金… Ⅲ. ①仪器分析—实
验—教材 Ⅳ. ①O657-33

中国版本图书馆 CIP 数据核字(2022)第 064432 号

分析检测实验

主编　余彬彬　金燕仙

策划编辑	阮海潮(1020497465@qq.com)	
责任编辑	阮海潮	
责任校对	王元新	
封面设计	周　灵	
出版发行	浙江大学出版社	
	（杭州市天目山路 148 号　邮政编码 310007）	
	（网址：http://www.zjupress.com）	
排　　版	杭州星云光电图文制作有限公司	
印　　刷	广东虎彩云印刷有限公司绍兴分公司	
开　　本	787mm×1092mm　1/16	
印　　张	8.25	
字　　数	190 千	
版 印 次	2022 年 5 月第 1 版　2024 年 12 月第 2 次印刷	
书　　号	ISBN 978-7-308-22539-7	
定　　价	34.00 元	

分析检测实验

编委会名单

序

近年来,各高等院校为提高实验教学质量,以创建国家、省、市级实验教学中心为契机,以创新实验教学体系为突破口,努力探索构建实验教学和理论课程紧密衔接、理论运用与实践能力相互促进的实验教学体系,并取得了一定成效。为适应高等教育的发展,台州学院于2004年将原归属于医药化工学院的化学、制药、化工、材料类各基础实验室和专业实验室进行多学科合并重组,建立了校级制药化工实验教学中心。实验中心于2007年获得了省级实验教学示范中心建设立项,又于2014年获得了"十二五"省级实验教学示范中心重点建设项目。在新一轮的建设中,以新工科建设为导向,打破了"以学科知识"设置相应实验课程的传统构架,在"专业基础实验→专业技能实验→综合应用实验→创新研究实验"四个实验层次(第一条主线)的基础上,穿插了"项目开发实验→生产设计实验→质量监控实验→工程训练实验→EHS管理实验"的实验教学体系(第二条主线),建立了"双螺旋"实验教学新体系。

第一条主线的实验教学体系中,专业基础实验模块旨在使各专业学生通过基础实验来理解和掌握必备的基础理论知识和基本操作技能。专业技能实验模块旨在使各专业学生通过实验来理解和掌握必备的专业理论知识和实验技能,然后在此基础上提升学生的专业基本技能。综合应用实验模块旨在使各专业学生在教师的指导和帮助下能自主地运用多学科知识来设计实验方案、完成实验内容、科学表征实验结果,进一步提高综合应用能力。创新研究实验模块旨在提高其综合应用能力和科学研究能力,着重培养学生创新创业的意识和能力。

第二条主线的实验教学体系增设面向企业新产品、新技术、新工艺开发以及高效生产、有效管理等的实验项目。项目开发实验、生产设计实验和工程训练实验旨在培养各专业学生运用已获得的实验技术和手段去解决工程实际问题,强化专业技能与工程实践的结合,突出创新创业能力和工程实践能力的培养。质量监控实验和EHS管理实验旨在通过专业技能与岗位职业技能的深度融合,培养各专业学生职业综合能力。

上述构建的实验教学体系经过几年的教学实践已取得了初步成效。为此,在浙江大学出版社的支持下,我们组织编写了这套适合高等教育本科院校化学、化学工程与工艺、制药工程、环境工程、生物工程、材料科学与工程、高分子材料与工程、精细化学品生产技术和科学教育等专业使用的系列实验教材。

本系列实验教材以国家教学指导委员会提出的《普通高等学校本科化学专业规范》中的"化学专业实验教学基本内容"为依据,按照应用型本科院校对人才素质和能力的培养要求,以培养应用型、创新型人才为目标,结合各专业特点,参阅相关教材及大多数高等院校的实验条件编写。编写时注重实验教材的独立性、系统性、逻辑性,力求将实验基本理论、基础知识和基本技能进行系统的整合,以利于构建全面、系统、完整、精练的实验课程教学体系和内容。在具体实验项目选择上除注意单元操作技术和安排部分综合实验外,更加注重实验在化工、制药、能源、材料、信息、环境及生命科学等领域的应用,以及与生产生活实际的结合;同时注重实验习题的编写,以体现习题的多样性、新颖性,充分发挥其在巩固知识和拓展思维方面的多种功能。部分教材在传统纸质教材的基础上,以二维码形式插入了丰富的操作视频、案例视频等数字资源,推出纸质和数字资源深度融合的"新形态"教材,增强了教材的表现力和吸引力,增加了学习的指导性和便捷性。

台州学院医药化工学院

前　言

为响应国家卓越工程师教育培养 2.0 计划,许多应用型本科院校遵循"将学科专业建在产业上"的发展理念,以培养一批适合地方产业特色的人才,更好地服务地方经济发展,推出系列应用型教材。为了能培养具有较强动手能力的分析检测人员,本教材综合了环境检测、食品检测、卫生理化检测、药品检测等各分析检测行业中经典的实验项目,根据本科院校学生的特点,编制了适合学生学习和操作的实验方案。

本教材共包括 6 个部分,分别为实验基本要求、环境检测模块、食品检测模块、卫生理化检测模块、药品检测模块、综合实验方案设计。第 1 部分为实验准备、预习、数据处理、报告等相关要求;第 2 部分到第 5 部分为 38 个具体实验,每个实验包括实验目的、实验原理、预习要求、仪器和试剂、实验内容、数据记录与处理、注意事项、相关标准和思考题等;第 6 部分是综合实验方案设计,要求学生根据提供的实验背景查阅资料,设计实验方案,开展实验。

本教材采用身边熟悉的食品、日用品、环境类样品进行分析,增加学生实验兴趣。实验操作过程中涉及多种处理方法和分析仪器,学生通过对实验原理的学习和具体操作,从简单的化学分析跨入多样化的仪器分析,丰富学生的认知。

本教材作为浙江省普通高校"十三五"新形态教材,探索"互联网＋"的新形态形式,参考和汲取各位专家学者的理论精髓,配有实验原理微课视频、实验操作视频、文档资料等 54 个数字资源,直观、形象,可供学生在实验前预习、观看,实现翻转课堂教学,在有限的学时内提高实验教学的效率和质量。

全书由余彬彬统稿。参编人员具有丰富的一线工作经验,能够准确了解各个行业的动态需求。在本教材的筹划和编写过程中,实验视频的拍摄得到了浙江省台州生态环境监测中心张嫣秋、王靖剑、颜小娅、林星辰、王苗霞、胡静宜,台州市产品质量安全检测研究院何柳、张伟丽、武贞、颜林平、王梦茜、金星宇,台州学院黄静燕等人的支持和帮助,章节的整理得到了台州学院马晶晶、章心怡、成晓叶、冀雅茹的帮助,在此向他们表示衷心的感谢。

本教材适合作为化学、化学工程与工艺、制药工程、环境工程、生物工程、材料科学与工程、高分子材料与工程、精细化学品生产技术和科学教育等专业教材,也可以作为环境保护、食品药品、卫生检验等分析检测工作者的参考用书。

限于编者的水平,书中难免存在错误和不妥之处,恳请同行和广大读者批评、指正。

主 编
2022 年 5 月

目　录

第 1 部分　实验基本要求 ·· 1

一、实验室基本规则和要求 ····································· 1

二、实验预习要求 ··· 1

三、化学实验中的有效数字 ····································· 1

四、定性分析与定量分析 ······································· 2

五、实验报告 ··· 2

第 2 部分　环境检测模块 ·· 6

实验 1　水中氨氮的测定——纳氏试剂分光光度法 ············· 6

实验 2　水中高锰酸盐指数的测定——酸性法 ················· 9

实验 3　水中化学需氧量的测定 ——重铬酸钾法 ············· 12

实验 4　水中氯离子的测定——硝酸银滴定法 ················· 15

实验 5　水中重金属的测定——原子吸收分光光度法 ········· 18

实验 6　水中苯酚的测定——液相色谱法 ····················· 21

实验 7　苯系物的测定——气相色谱法 ······················· 24

实验 8　环境空气和废气中非甲烷总烃的测定——气相色谱法 ···· 27

实验 9　土壤中有机氯农药的测定——气相色谱法 ············· 30

实验 10　土壤中重金属的测定——电感耦合等离子体质谱法 ····· 34

第 3 部分　食品检测模块 ·· 39

实验 11　食品中总灰分的测定 ······························· 39

实验 12　食品中蛋白质的测定——凯氏定氮法 ··············· 41

实验 13　食品中二氧化硫的测定 ····························· 44

实验 14　食品中亚硝酸盐的测定——分光光度法 ············· 47

实验 15　食品中合成着色剂的测定 ··························· 49

实验 16　饮料中苯甲酸、山梨酸和糖精钠的测定 ············· 53

实验 17　蔬菜中有机磷农药残留量的测定 ··················· 56

实验 18　食品中多元素的测定——电感耦合等离子体发射光谱法 ··· 58

实验 19　饮料中环己基氨基磺酸钠(甜蜜素)的测定——气相色谱法 …………… 62
实验 20　腌菜中氯化物的测定 ……………………………………………… 64
实验 21　白酒中乙醇浓度的测定 …………………………………………… 67
实验 22　肉制品中脂肪的测定 ……………………………………………… 68
实验 23　植物油中酸价的测定 ……………………………………………… 70
实验 24　茶叶中拟除虫菊酯类农药的测定 ………………………………… 73
实验 25　食品中淀粉的测定——酸水解法 ………………………………… 76

第 4 部分　卫生理化检测模块 ………………………………………… 79
实验 26　化妆品中汞的测定——自动测汞仪法 …………………………… 79
实验 27　化妆品中六价铬的测定——液相色谱-电感耦合等离子体质谱法 … 81
实验 28　化妆品中溴代和氯代水杨酰苯胺的测定——高效液相色谱法 …… 84
实验 29　丁腈乳胶中结合丙烯腈含量的测定 ……………………………… 86
实验 30　水产品中孔雀石绿的测定 ………………………………………… 88
实验 31　大米中水分的测定 ………………………………………………… 91
实验 32　水溶肥料总氮含量的测定——蒸馏后滴定法 …………………… 93

第 5 部分　药品检测模块 ……………………………………………… 96
实验 33　维生素类药物的定性实验 ………………………………………… 96
实验 34　几种有机药物的定性实验 ………………………………………… 98
实验 35　薄层色谱法鉴别几种药物 ………………………………………… 100
实验 36　葡萄糖的分析 ……………………………………………………… 104
实验 37　UV 三点校正法测定维生素 A 软胶囊的含量 …………………… 107
实验 38　复方利血平片中有效成分的测定 ………………………………… 111

第 6 部分　综合实验方案设计 ………………………………………… 115
实验 39　化工废水中综合性分析指标测定实验方案设计 ………………… 115
实验 40　蔬菜中农药残留量测定 …………………………………………… 116
实验 41　冲泡对不同茶叶中微量元素的溶出影响 ………………………… 117
实验 42　甘草制剂中甘草酸和甘草苷的含量测定 ………………………… 118
实验 43　大气降水中主要成分的测定和来源分析 ………………………… 119
实验 44　景观水体富营养化分析 …………………………………………… 120
实验 45　生活中酸碱指示剂的制备与应用 ………………………………… 121

参考文献 ………………………………………………………………… 122

第1部分　实验基本要求

一、实验室基本规则和要求

1. 课前认真阅读教材及相关参考资料,理解实验目的和要求,拟定实验方案,按照教师要求做好课前各项准备,否则不得进入实验室开展实验。

2. 穿着整洁,进入实验室必须穿专用实验服。

3. 实验室内严禁吃食物,不高声谈话及随便走动。

4. 进行实验时,应认真操作、细致观察,依据实验要求,及时并如实记录实验现象和结果。要严格遵守各项实验室操作规程,养成良好的实验室工作习惯。

5. 实验过程注意理论联系实际,用已学的知识判断、理解、分析和解决实验中所观察到的现象和遇到的问题,注意提高分析问题和解决问题的实际能力。

6. 实验器具应保持清洁,任何使用过的器具及玻璃器皿必须洗净后放回原处。公用试剂用完后,应立即盖好放回原处。使用贵重精密仪器时,应严格遵守操作规程,及时填写仪器使用登记本,发现故障立即报告指导教师。

7. 实验结束后,认真分析和总结实验结果,讨论实验结果好坏的原因,及时总结经验教训,不断提高实验能力。认真书写实验报告,要求实验报告字迹工整、图表清晰,按时交给教师批阅。

8. 实验结束后,须将实验台面打扫干净,保持整洁,仪器、药品摆放整齐。

9. 注意执行各项安全规定,节约水电、药品和耗材,爱护仪器和实验室设备。有良好的实验室工作道德,爱护集体、关心他人。

10. 每次实验安排2~3名值日生,负责实验室器具的整理,做好操作台、水槽、地板等实验室卫生工作。注意实验室水电门窗等方面的安全工作。

二、实验预习要求

在实验前,应该充分做好预习工作。阅读实验内容和知识点,观看实验视频,解答实验中的思考题,了解反应原理、化学试剂理化性质,了解可能发生的副反应和实验中可能出现的危险及其处置方法。涉及结果计算的,应提前列出公式,预测计算结果,预判实验结果。

三、化学实验中的有效数字

(一)有效数字的定义

有效数字是指在科学实验中实际能测量到的数字。在这些数字中,除最后一位数是

"可疑数字"(也是有效的),其余各位数都是准确的。

有效数字与数学上的数字含义不同,它不仅表示量的大小,还表示测量结果的可靠程度,反映所用仪器和实验方法的准确度。任何测量数据,其数字位数必须与所用测量仪器及方法的精确度相当,不应任意增加或减少。如需称取"$K_2Cr_2O_7$ 6.2g",有效位数为两位,这不仅说明了 $K_2Cr_2O_7$ 重6.2g,而且表明用精度为0.1g的台秤称量就可以了,如需称取"$K_2Cr_2O_7$ 6.2000g",则表明须在精度为0.0001g的分析天平上称量,有效数字位数是5位。

1-视频

在计算有效数字时,要特别注意对数字0的判断,"0"在数字之前起定位作用,不属于有效数字,在数字之间或之后属于有效数字。

(二)有效数字的规则

在计算过程中有效数字的适当保留很重要,下面是一些常用的基本规则:

1. 记录测量数值时,只保留一位可疑数字。

2. 当有效数字位数确定后,其余数字应一律舍弃,采用"四舍六入五留双"的规则。

3. 几个数字相加或相减时,它们的和或差的有效数字的保留,应该以小数点后位数最少(即绝对误差最大)的数字为准。在乘除法中,有效数字的保留,应该以有效数字位数最少的为准。

4. 在对数计算中,所取对数的位数应与真数的有效数字位数相同。

5. 误差和偏差一般只取一位有效数字,最多取两位有效数字。

四、定性分析与定量分析

分析化学主要由定性分析和定量分析两部分组成。定性分析的任务是鉴定物质的化学组成,鉴定物质中含有什么元素、离子或官能团等,但并不确定其含量;定量分析的任务是测量各组分的含量,有重量分析、容量分析和仪器分析等多种方法。在对物质进行分析时,通常先进行定性分析确定其组成,然后再进行定量分析。

2-视频

本书中,大部分实验为定量分析实验,也有定性分析实验,如药物的定性分析。本书总体要求是把定性分析与定量分析结合起来,防止认识事物的片面性。定性分析与定量分析的统一也是社会科学与自然科学一体化的重要表现。

五、实验报告

实验报告是对实验过程的记录和总结,由实验过程记录和理论分析两部分组成。做好实验报告是每个实验人员必备的基本素质。下面给出一个实验报告的格式。

3-文档

实验名称			
实验场所		实验日期	
同组成员			

一、实验目的

二、实验原理

三、主要试剂与仪器(试剂物理常数与装置图)

四、实验步骤、方法与现象

实验步骤、方法	现象	备注

五、注意事项

六、实验记录(或数据记录与处理)

七、实验结果(或结论)

八、结果(问题)讨论与心得体会

教师评语：

时间：

成绩评定	预习	操作与记录	报告	评阅教师

说明：

1. 本报告包含了实验预习、实验记录和实验报告三部分内容，共八个栏目，其中第一至第五栏目属于实验预习内容，第四栏目中的现象和第六栏目则要求学生在实验过程中记录观察到的现象，进行数据记录，第七、八栏目则由学生在完成实验后填写。

2. 各实验指导教师根据本实验的特点与要求，指导学生填写实验报告各栏目内容，规范书写格式，注意同一门课程的格式与规范应该统一。

3. 教师可在课前检查学生本次实验预习部分，评价预习成绩。

4. 教师在学生实验结束时，检查实验记录，并结合学生实验过程中的表现及其他考查点进行评价。

5. 在兼顾实验报告整体内容的前提下，重点关注第七、八栏目。

6. 教师应在评语部分对整个报告进行简略评价。

实验 1　水中氨氮的测定——纳氏试剂分光光度法

一、实验目的

1. 掌握分光光度法的测定原理。
2. 掌握分光光度计的基本使用方法。
3. 掌握纳氏试剂分光光度法测定水中氨氮的原理和方法。

4-视频

二、实验原理

氨氮是指水中以游离氨(NH_3)和铵离子(NH_4^+)形式存在的氮。氨氮可导致水体富营养化,是水体中的主要耗氧污染物,对鱼类及某些水生生物有毒害作用。本实验主要原理是在经前处理后的水样中加入纳氏试剂,水样中游离的以氨或铵离子形式存在的氨氮可与纳氏试剂反应生成黄棕色胶态化合物或红棕色络合物,反应生成的络合物的吸光度与氨氮含量成正比。实验可于波长 420nm 处使用 20mm 比色皿测量吸光度。

$$2K_2HgI_4 + 3KOH + NH_3 \longrightarrow NH_2Hg_2IO + 7KI + 2H_2O$$

三、预习要求

纳氏试剂的配制方法和显色原理,分光光度计的测定原理和基本使用方法。

四、仪器和试剂

1. 仪器:可见分光光度计(配 20mm 比色皿),具塞磨口玻璃比色管(50mL),一般实验室常用仪器和设备。

2. 试剂

(1)纳氏试剂:可选择下列任意一种方法配制,亦可直接购买市售经检验符合要求的纳氏试剂。

5-PPT

①二氯化汞-碘化钾-氢氧化钾($HgCl_2$-KI-KOH)溶液:称取 15.0g 氢氧化钾(KOH),溶于 50mL 水中,冷却至室温。称取 5.0g 碘化钾(KI),溶于 10mL 水中。在搅拌下,将 2.50g 二氯化汞($HgCl_2$)粉末分多次加入碘化钾溶液中,直到溶液呈深黄色或者出现淡红色沉淀而溶解缓慢时,充分搅拌混合,并改为滴加二氯化汞饱和溶液,当出现少量朱红色沉淀不再溶解时,停止滴加。

在搅拌下,将冷却的氢氧化钾溶液缓慢地加入上述混合液中,并稀释至 100mL,于暗处静置 24h,倾出上清液,贮于聚乙烯瓶内,用橡皮塞或聚乙烯塞子盖紧,存放暗处,有效期 30 天。

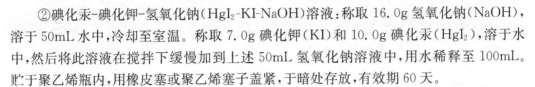

②碘化汞-碘化钾-氢氧化钠（HgI_2-KI-NaOH）溶液：称取 16.0g 氢氧化钠（NaOH），溶于 50mL 水中，冷却至室温。称取 7.0g 碘化钾（KI）和 10.0g 碘化汞（HgI_2），溶于水中，然后将此溶液在搅拌下缓慢加到上述 50mL 氢氧化钠溶液中，用水稀释至 100mL。贮于聚乙烯瓶内，用橡皮塞或聚乙烯塞子盖紧，于暗处存放，有效期 60 天。

（2）其他试剂：

①酒石酸钾钠溶液，$\rho(NaKC_4H_4O_6 \cdot 4H_2O)$＝500g/L。

②硫酸锌溶液，$\rho(ZnSO_4 \cdot 7H_2O)$＝100g/L。

③氢氧化钠溶液（250g/L）。

④氨氮标准贮备溶液（1000mg/L，以氮计）。

⑤氨氮标准溶液（10mg/L，以氮计）。

3. 材料：环境水样。

五、实验内容

（一）水样前处理

对于标准样品或者特别干净的水样，可以不做前处理；对于一般样品，建议采用絮凝沉淀法处理。

絮凝沉淀法：移取 100mL 经充分摇动、混合均匀的样品，加入 1mL 100g/L 硫酸锌溶液，并用 250g/L 氢氧化钠溶液调节 pH 值到 10.5，混匀使之沉淀，离心后取上清液或用经水冲洗过的中速定性滤纸过滤后备用。

（二）测定

1. 标准曲线的制作：取 8 支 50mL 比色管，分别加入 0，0.50，1.00，2.00，4.00，6.00，8.00，10.00mL 氨氮标准溶液，加水至标线，所对应的氨氮质量浓度分别为 0，0.10，0.20，0.40，0.80，1.20，1.60，2.00mg/L，加入 1.0mL 酒石酸钾钠溶液，摇匀，加入 1.5mL 纳氏试剂，混匀。放置 10min 后，在波长 420nm 下，用 20mm 比色皿，以水做参比，测量吸光度。第一个样品为空白管，标准溶液测得的吸光度均减去空白管的吸光度后得到校正吸光度，绘制以氨氮质量浓度对校正吸光度的标准曲线。

2. 样品的测定：对于一般水质样品，同样采用絮凝沉淀法进行前处理。取经前处理的水样 50mL，按与绘制标准曲线相同的步骤测量吸光度。

（三）计算

按式（1-1）计算校正吸光度。

$$A'_w = A_w - A_b \qquad (1-1)$$

式中：A'_w——水样的校正吸光度；

　　　A_w——水样的测定吸光度；

　　　A_b——空白管的吸光度。

六、数据记录与处理

空白管的吸光度 $A_b =$ _____。

(一)将标准溶液测定数据填入表 1-1 中

表 1-1　标准溶液测定数据

标准溶液质量浓度/(mg/L)	0	0.10	0.20	0.40	0.80	1.20	1.60	2.00
测定吸光度 A_s								
校正吸光度 A'_s								

(二)根据标准溶液测定结果绘制标准曲线

(三)将样品溶液测定数据填入表 1-2 中

表 1-2　样品溶液测定数据

测定次数	1	2	3
取样体积/mL			
水样的测定吸光度 A_w			
水样校正吸光度 A'_w			
水样中氨氮质量浓度/(mg/L)			
水样中氨氮质量浓度平均值/(mg/L)			
相对标准偏差/%			

备注：当测定结果<10.0mg/L 时,保留至小数点后两位;当测定结果≥10.0mg/L 时,保留三位有效数字。

七、注意事项

1. 空白管的吸光度应小于等于 0.060。

2. 纳氏试剂在使用过程中应尽可能缩短在空气中的暴露时间,要求密封保存,防止空气中氨的溶解导致空白管吸光度升高。如因放置时间过长,经检验空白实验吸光度或斜率不满足要求时,应重新配制。

3. 实际样品应进行絮凝沉淀或者过滤等前处理步骤,可经滤纸过滤或离心分离,防止处理后的溶液再次出现浑浊和氨氮在中性溶液中可能的逃逸损失。絮凝沉淀过滤后的水样应尽快分析。

4. 对于特殊水样,如果絮凝沉淀后仍明显浑浊或絮凝沉淀后无明显浑浊、但加入掩

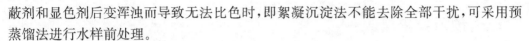

蔽剂和显色剂后变浑浊而导致无法比色时,即絮凝沉淀法不能去除全部干扰,可采用预蒸馏法进行水样前处理。

5.使用分光光度计测定吸光度时,要注意比色皿使用方向的一致性。

八、相关标准

水质 氨氮的测定 纳氏试剂分光光度法:HJ 535—2009。

九、思考题

1.测定水中氨氮时,为去除水样色度和浊度的干扰,一般采用哪两种前处理方法?

2.待分析样品加入纳氏试剂显色后一般要求在 20min 内测定其吸光度,如果时间太长会有什么影响?

3.测定水中氨氮时,常见的干扰物有哪些? 如何去除?

4.比色皿的材质一般为玻璃或者石英,在检测时如何选择? 比色皿沾污后如何清洗?

5.测定水中氨氮时,取水样 50.0mL,测得吸光度为 1.02,标准曲线的回归方程为 $y=0.35x+0.0021$(x 指溶液中氨氮的质量浓度,单位为 mg/L)。请问:该测定结果是否合理? 若不合理,该如何处理?

6.纳氏试剂的配制需注意哪些事项? 配制时如何降低其空白吸光度?

实验 2 水中高锰酸盐指数的测定 ——酸性法

一、实验目的

1.掌握测定水中高锰酸盐指数的原理和方法。

2.掌握氧化还原滴定法的基本操作和终点判断。

二、实验原理

高锰酸盐指数是反映水体中被有机及无机可氧化物质污染的常用指标。本实验主要原理是:在酸性条件下,用高锰酸钾将水样中某些有机物及还原性物质氧化,反应后剩余的高锰酸钾用过量的草酸钠还原,再用高锰酸钾标准溶液回滴过量的未反应完的草酸钠,从而求得水样中的高锰酸盐指数。

6-PPT

三、预习要求

了解氧化还原滴定法的基本操作。

四、仪器和试剂

1. 仪器:水浴加热装置,烧杯,锥形瓶,滴定管。

2. 试剂:不含还原性物质的水、氢氧化钠溶液(500g/L)、草酸钠标准溶液(0.0050mol/L);高锰酸钾标准溶液(0.002mol/L),使用前须标定其浓度;硫酸溶液:在不断搅拌下,将100mL硫酸慢慢加入300mL水中,趁热加入数滴高锰酸钾标准溶液至溶液出现粉红色。

3. 材料:环境水样。

五、实验内容

(一)测定

1. 样品滴定:准确移取100.0mL经充分摇动、混合均匀的样品,置于250mL锥形瓶中,加入5mL硫酸溶液,准确加入10.00mL高锰酸钾标准溶液,摇匀。将锥形瓶置于沸水浴内,恒温时间为30min(以水刚沸腾开始计时),保证每个样品的加热时间都是相同的。取出锥形瓶后,趁热加入10.00mL草酸钠标准溶液,摇匀后溶液变为无色。立即用高锰酸钾标准溶液进行返滴定,至刚出现粉红色,并保持30s不褪色,记录消耗的高锰酸钾标准溶液的体积 V_1 。整个过程时间控制在5min以内。

2. 空白实验:取100.0mL实验用水,按上述样品分析步骤测定,记录消耗的高锰酸钾标准溶液的体积 V_0 。空白实验的测定值应小于方法检出限。

3. 高锰酸钾标准溶液的标定:将样品滴定或空白实验后的溶液加热至80℃以上,准确加入10.00mL草酸钠标准溶液。用高锰酸钾标准溶液

7-视频

继续滴定至刚出现粉红色,记录消耗的高锰酸钾标准溶液的体积 V_2 。计算高锰酸钾标准溶液的校正系数 K ($K=10.00/V_2$, K 值应介于0.950～1.01之间)。

(二)计算

高锰酸盐指数(I_{Mn})以每升样品消耗多少毫克氧来表示,按式(2-1)计算。

$$I_{Mn}=\frac{\left[(10+V_1)K-10\right]\times c\times 2\times 8000}{100.0} \tag{2-1}$$

式中: I_{Mn} ——高锰酸盐指数,mg/L;

$\quad V_1$ ——滴定样品时消耗高锰酸钾标准溶液的体积,mL;

$\quad K$ ——校正系数;

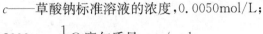

c——草酸钠标准溶液的浓度,0.0050mol/L;

8000——$\frac{1}{2}O$ 摩尔质量,mg/mol。

六、数据记录与处理

(一)将高锰酸钾标准溶液的标定实验数据填入表 2-1 中

表 2-1　高锰酸钾标准溶液标定实验数据

测定次数	1	2	3
消耗高锰酸钾标准溶液的体积 V_2/mL			
校正系数 K			
平均校正系数 $\overline{K}$			

(二)将水样高锰酸盐指数测定数据填入表 2-2 中

表 2-2　水样高锰酸盐指数测定数据

测定次数	1	2	3
空白实验消耗高锰酸钾标准溶液的体积 V_0/mL			
水样消耗高锰酸钾标准溶液的体积 V_1/mL			
水样高锰酸盐指数 I_{Mn}/(mg/L)			
水样高锰酸盐指数平均值 $\overline{I_{Mn}}$/(mg/L)			
相对标准偏差/%			

备注:当测定结果<100mg/L 时,保留至小数点后一位,当测定结果≥100mg/L 时,保留三位有效数字。

七、注意事项

1.高锰酸盐指数是个相对的条件性指标,其测定结果与溶液的酸度、高锰酸钾溶液浓度、加热温度和时间有关。滴定时温度如果低于 60℃,则反应速度缓慢,实验时应控制溶液温度在 80℃左右。

2.当水样的高锰酸盐指数超过 4.5mg/L 时,应酌情分取少量样品,并用水稀释后再进行测定。

八、相关标准

水质 高锰酸盐指数的测定:GB 11892—89。

九、思考题

1. 测定水中高锰酸盐指数时,若延长加热煮沸时间,结果会如何变化?

2. 测定水中高锰酸盐指数时,在沸水浴加热完毕后,溶液仍应保持微红色,若变浅或全部褪去,接下来应如何操作?

3. 当水样中氯离子的质量浓度超过 300mg/L 时,对实验的测定有什么影响? 如何解决?

实验 3 水中化学需氧量的测定
——重铬酸钾法

一、实验目的

1. 掌握重铬酸钾法测定水中化学需氧量的原理和方法。

2. 了解化学需氧量测定时干扰离子的掩蔽方法与条件,掌握氧化还原指示剂的变色原理。

二、实验原理

化学需氧量是指在一定条件下,用一定的强氧化剂处理水样时所消耗的氧化剂的量,以氧的质量浓度(mg/L)表示,测定方式包括重铬酸钾法、高锰酸盐法等。本实验介绍的是用重铬酸钾作为氧化剂进行测定,酸性重铬酸钾可氧化大部分有机物,在硫酸银催化下,直链脂肪族化合物可完全被氧化,而具有特殊结构的化合物如吡啶、芳烃等难以被氧化。

8-PPT

在水样中加入已知量的重铬酸钾溶液,并在硫酸介质中以硫酸银作催化剂,经沸腾回流后,以试亚铁灵为指示剂,用硫酸亚铁铵溶液滴定水样中未被还原的重铬酸钾,由消耗的硫酸亚铁铵的量计算出消耗氧的质量浓度。

$$6Fe(NH_4)_2(SO_4)_2 + K_2Cr_2O_7 + 7H_2SO_4 = 3Fe_2(SO_4)_3 + Cr_2(SO_4)_3 +$$
$$K_2SO_4 + 6(NH_4)_2SO_4 + 7H_2O$$

三、预习要求

重铬酸钾法测定水中化学需氧量的基本操作、终点判断和注意事项。

四、仪器和试剂

1. 仪器:回流冷凝装置(搭配使用 250mL 磨口锥形瓶),加热装置,分析天平(精确到 0.0001g),酸式滴定管,烧杯,滴管,移液管,沸石等。

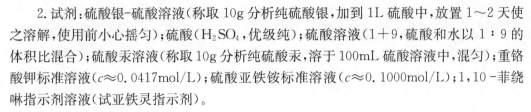

2. 试剂:硫酸银-硫酸溶液(称取 10g 分析纯硫酸银,加到 1L 硫酸中,放置 1～2 天使之溶解,使用前小心摇匀);硫酸(H_2SO_4,优级纯);硫酸溶液(1＋9,硫酸和水以 1：9 的体积比混合);硫酸汞溶液(称取 10g 分析纯硫酸汞,溶于 100mL 硫酸溶液中,混匀);重铬酸钾标准溶液($c \approx 0.0417mol/L$);硫酸亚铁铵标准溶液($c \approx 0.1000mol/L$);1,10-菲绕啉指示剂溶液(试亚铁灵指示剂)。

3. 材料:环境水样。

五、实验内容

(一)硫酸亚铁铵标准溶液的标定

硫酸亚铁铵标准溶液必须临用前标定。取 10.00mL 已知浓度的重铬酸钾标准溶液置于锥形瓶中,用水稀释至约 100mL,缓慢加入 30mL 硫酸溶液,混匀,冷却后加入三滴试亚铁灵指示剂,用硫酸亚铁铵标准溶液滴定,溶液的颜色由黄色经蓝绿色变为红褐色即为终点。记录硫酸亚铁铵标准溶液的消耗量 V(mL),浓度按下式进行计算:

$$c = \frac{6 \times 10 \times c(K_2Cr_2O_7)}{V} \tag{3-1}$$

式中:c——硫酸亚铁铵标准溶液浓度,mol/L;

V——滴定时消耗硫酸亚铁铵标准溶液的体积,mL;

$c(K_2Cr_2O_7)$——重铬酸钾标准溶液浓度,mol/L。

(二)测定

1. 样品滴定:将水样充分摇匀,取 20.00mL 于锥形瓶中,依次加入硫酸汞溶液、10.00mL 重铬酸钾标准溶液和几颗防爆沸玻璃珠,摇匀(硫酸汞溶液按 $m(HgSO_4)：m(Cl^-) \geqslant 20：1$ 的比例加入)。将锥形瓶连接到回流装置冷凝管下端,从冷凝管上端缓慢加入 30mL 硫酸银-硫酸溶液,以防止低沸点有机物的逸出,不断旋转锥形瓶使之混合均匀。开启加热

9-视频

装置,自溶液沸腾起回流 2h。回流冷却后,自冷凝管上端加入 90mL 水冲洗冷凝管,控制使溶液体积在 140mL 左右,取下锥形瓶。溶液冷却至室温后,加入三滴试亚铁灵指示剂,用硫酸亚铁铵标准溶液滴定,溶液的颜色由黄色经蓝绿色变为红褐色即为终点,记下消耗硫酸亚铁铵标准溶液的体积 V_1。

2. 空白实验:以 20.00mL 蒸馏水代替水样,按样品滴定相同步骤进行实验,记下空白滴定消耗硫酸亚铁铵标准溶液的体积 V_0。

(三)计算

按式(3-2)计算样品化学需氧量,测定结果报整数且不超过三位有效数字。

$$\rho = c \times (V_0 - V_1) \times 8000/20 \tag{3-2}$$

式中:ρ——样品化学需氧量,mg/L;

c——硫酸亚铁铵标准溶液的浓度,mol/L;

V_0——空白实验所消耗的硫酸亚铁铵标准溶液的体积,mL;

V_1——测定样品所消耗的硫酸亚铁铵标准溶液的体积,mL;

8000——$\frac{1}{2}$O 的摩尔质量,mg/mol。

六、数据记录与处理

(一)将硫酸亚铁铵标准溶液标定数据填入表 3-1 中

表 3-1　硫酸亚铁铵标准溶液标定实验数据

测定次数	1	2	3
消耗硫酸亚铁铵标准溶液体积 V/mL			
硫酸亚铁铵标准溶液浓度 c/(mol/L)			
硫酸亚铁铵标准溶液平均浓度 $\bar{c}$/(mol/L)			

(二)将水样化学需氧量测定数据填入表 3-2 中

表 3-2　水样化学需氧量测定数据

测定次数	1	2	3
空白实验消耗硫酸亚铁铵标准溶液体积 V_0/mL			
测定样品消耗硫酸亚铁铵标准溶液体积 V_1/mL			
样品化学需氧量 ρ/(mg/L)			
样品化学需氧量平均值 $\bar{\rho}$/(mg/L)			
相对标准偏差/%			

七、注意事项

1. 硫酸汞属于剧毒化学品,硫酸也具有较强的化学腐蚀性,操作者应按照规定要求佩戴防护器具,避免试剂接触皮肤和衣服,若含硫酸溶液溅出,应先用干布擦拭,然后用大量清水清洗;在通风橱内进行操作;实验结束后的残渣残液应做妥善的安全处理。

2. 试亚铁灵的加入量虽然不影响临界点,但应尽量一致。滴定时溶液的颜色先变蓝绿色再变成红褐色达到终点,但还会存在几分钟后重现蓝绿色的情况,此时需要补滴定,直至再次出现红褐色达到终点。

3. 本方法的主要干扰物为氯离子,可加入硫酸汞溶液去除。本方法不适用于含氯离子的质量浓度大于 1000mg/L(稀释后)的水中化学需氧量的测定。

八、相关标准

水质 化学需氧量的测定 重铬酸盐法：HJ 828—2017。

九、思考题

1. 为什么水样需要保存在酸性条件下？

2. 如果重铬酸钾不进行烘干，对实验有何影响？

3. 根据《水质 化学需氧量的测定 重铬酸盐法》测定水中化学需氧量时，为什么要加入 Ag_2SO_4？

4. 化学需氧量作为一个条件性指标，有哪些因素会影响其测定值？

5. 请描述测定化学需氧量时，重铬酸钾滴定过程中的颜色变化情况。

6. 本方法不适用于含氯离子的质量浓度大于 1000mg/L 的水样中化学需氧量的测定，为什么？ 如何解决？

实验 4　水中氯离子的测定
——硝酸银滴定法

一、实验目的

1. 了解硝酸银滴定法测定氯离子的原理和方法。
2. 掌握沉淀滴定法的基本操作和终点判断。

二、实验原理

在中性至弱碱性范围内(pH 6.5~10.5)，以铬酸钾为指示剂，用硝酸银滴定氯化物时，由于氯化银的溶解度小于铬酸银的溶解度，氯离子首先被完全沉淀出来，然后铬酸盐以铬酸银的形式被沉淀，产生砖红色，指示达到滴定终点。该沉淀滴定的反应方程式如下：

10-PPT

$$Ag^+ + Cl^- \rightleftharpoons AgCl \downarrow$$

$$2Ag^+ + CrO_4^{2-} \rightleftharpoons Ag_2CrO_4 \downarrow (砖红色)$$

三、预习要求

沉淀滴定法的基本操作、终点的判断、滴定管的正确使用。

四、仪器和试剂

1. 仪器:锥形瓶,滴定管,移液管。

2. 试剂:去离子水或蒸馏水,硫酸溶液(0.025mol/L),氢氧化钠溶液(0.05mol/L),氯化钠标准溶液(0.0141mol/L),硝酸银标准溶液(0.0141mol/L,使用前需标定),铬酸钾溶液(50g/L),酚酞指示剂。

3. 材料:环境水样。

五、实验内容

(一)硝酸银($AgNO_3$)标准溶液的标定

用移液管准确吸取 25.00mL 氯化钠标准溶液于 250mL 锥形瓶中,加蒸馏水 25mL。另取一组锥形瓶,加入 50mL 蒸馏水作空白对照。上述两组溶液中各加入 1mL 铬酸钾溶液,在不断摇动下用硝酸银标准溶液滴定至砖红色沉淀刚刚出现即为终点。标准溶液标定重复三组,记录实验所消耗的硝酸银标准溶液体积 V_s,扣除空白滴定所消耗的硝酸银标准溶液体积 V_0,按式(4-1)计算硝酸银标准溶液的浓度 c_s。理论上 1.00mL 此标准溶液的滴定量相当于 0.50mg 氯化物(Cl^-)。

$$c_s = 25.00 \times c(NaCl)/(V_s - V_0) \tag{4-1}$$

式中:c_s——硝酸银标准溶液浓度,mol/L;

V_0——空白滴定消耗硝酸银标准溶液的体积,mL;

V_s——样品消耗硝酸银标准溶液的体积,mL;

$c(NaCl)$——氯化钠标准溶液浓度,mol/L。

(二)水样的滴定

吸取 50mL 水样或经过前处理的水样,用稀硫酸或氢氧化钠溶液调节水样的 pH 值为 6.5～10.5,置于锥形瓶中,加入 1mL 铬酸钾溶液,用硝酸银标准溶液滴定至砖红色沉淀刚刚出现即为滴定终点,记录此时所消耗硝酸银标准溶液的体积 V_1。

(三)计算

按式(4-2)计算水样中氯离子的质量浓度。

$$\rho = (V_1 - V_0) \times c_s \times 35.45 \times 1000/50 \tag{4-2}$$

式中:ρ——水样中氯离子的质量浓度,mg/L;

V_0——空白滴定消耗硝酸银标准溶液的体积,mL;

V_1——水样消耗硝酸银标准溶液的体积,mL;

c_s——硝酸银标准溶液浓度,mol/L。

六、数据记录与处理

(一)将硝酸银标准溶液的标定数据填入表 4-1 中

表 4-1　硝酸银标准溶液标定实验数据

测定次数	1	2	3
空白滴定消耗硝酸银标准溶液体积 V_0/mL			
硝酸银标准溶液体积 V_s/mL			
硝酸银标准溶液浓度 c_s/(mol/L)			
硝酸银标准溶液平均浓度 $\bar{c}_s$/(mol/L)			

(二)将水样氯化物测定数据填入表 4-2 中

表 4-2　水样化学需氧量测定数据

测定次数	1	2	3
空白滴定消耗硝酸银标准溶液体积 V_0/mL			
水样消耗硝酸银标准溶液体积 V_1/mL			
水样中氯离子的质量浓度 ρ/(mg/L)			
水样中氯离子质量浓度平均值 $\bar{\rho}$/(mg/L)			
相对标准偏差/%			

七、注意事项

1. 溴化物、碘化物和氰化物能与氯化物一起被滴定;当正磷酸盐及聚磷酸盐的质量浓度分别超过 250mg/L 和 25mg/L 时有干扰;当铁的质量浓度超过 10mg/L 时终点不明显。

2. 铬酸钾在水样中的浓度影响终点到达的迟早,在 50~100mL 滴定液中加入 1mL 5%铬酸钾溶液,使 CrO_4^{2-} 浓度为 $2.6×10^{-3}$~$5.2×10^{-3}$mol/L,则滴定结果较为准确。在滴定到达终点时,若硝酸银加入量略过终点,可用空白测定值消除。

八、相关标准

水质 氯化物的测定 硝酸银滴定法:GB 11896—89。

九、思考题

1. 若水样带有颜色或比较浑浊,应如何进行前处理?
2. 如果不提前调节水样的 pH 值,会对实验结果有何影响?

实验 5 水中重金属的测定
——原子吸收分光光度法

一、实验目的

1. 掌握原子吸收分光光度法测定水中重金属的原理和方法。
2. 了解原子吸收光谱仪的结构、工作原理和正确使用方法。

二、实验原理

原子吸收光谱仪一般由光源、原子化系统、分光系统和检测系统组成。基本原理是仪器从光源辐射出具有待测元素特征谱线的光,通过样品蒸汽时被蒸汽中待测元素基态原子所吸收,在此过程中每种元素需要吸收一定的能量而从基态变成激发态。通过测定基态原子对特征谱线的吸收程度来测量待测元素含量。由于原子吸收光谱仪具有灵敏、准确、简便等特点,目前已经广泛用于冶金、地质、采矿、石油、轻工、农业、医药、卫生、食品及环境监测等领域的常量及微痕量元素分析。

三、预习要求

原子吸收分光光度法测定水中铜、锌、铅、镉的原理和注意事项,原子吸收光谱仪的基本操作。

四、仪器和试剂

1. 仪器:原子吸收光谱仪及相应辅助设备,一般实验室仪器。
2. 试剂:硝酸(优级纯),硝酸溶液(1+499),高氯酸(优级纯),金属贮备液,空气,乙炔气体。
3. 材料:环境水样。

五、实验内容

(一)样品前处理

1. 金属总量分析前处理:分析金属总量样品时,在采集的水样中加入硝酸,酸化至

pH 1～2，一般 1000mL 水样中加入 2mL 硝酸。如样品较为浑浊，则酸化后对样品进行消解。消解过程如下：取适量(10～100mL)样品，加入 5mL 硝酸，在电热板上加热消解，确保样品不沸腾，蒸发至溶液体积为 10mL 左右，继续加入 5mL 硝酸和 2mL 高氯酸，再蒸发至溶液体积为 1mL 左右。取下，冷却，加水溶解残渣，通过中速滤纸(预先用酸洗)滤入 100mL 容量瓶，用水稀释至标线。

2.溶解态金属分析前处理：分析溶解的金属时，将采集的水样通过 $0.45\mu m$ 滤膜过滤，得到滤液再按总量分析前处理要求进行酸化。

(二)标准曲线的制作

用硝酸溶液稀释金属贮备液，配制至少五个浓度合适的标准溶液，其浓度范围应包括样品中被测元素的浓度(测定金属总量时，如果样品需要消解，标准溶液也须相应进行消解)。

(三)测定

1.仪器参考条件：根据表 5-1 选择各个金属元素的波长，调节火焰。

表 5-1　各元素对应特征谱线波长

元素	特征谱线波长/nm	火焰类型
铜	324.7	乙炔-空气，氧化性
锌	213.8	乙炔-空气，氧化性
铅	283.3	乙炔-空气，氧化性
镉	228.8	乙炔-空气，氧化性

2.定量分析：吸入硝酸溶液，将仪器调零。吸入空白溶液(用来稀释金属贮备液的硝酸溶液)、工作标准溶液、样品溶液，测定吸光度，记录在表 5-2 中。测定溶解的金属时，可直接进样；测定金属总量时则视情况判定样品是否需要消解。

(四)方法检出限计算

使用空白溶液连续测定 20 次，按式(5-1)计算检出限。

$$L = kS_b/S \qquad (5-1)$$

式中：L——方法的最低检出质量浓度；

　　　S_b——空白多次测量的标准偏差(吸光度)；

　　　S——方法的灵敏度(即标准曲线的斜率)；

　　　k——3(国际纯粹和应用化学联合会建议值)。

六、数据记录与处理

(一)将标准溶液的测定数据填入表 5-2 中

表 5-2 标准曲线实验数据

标样中重金属(□Cu,□Zn,□Pb,□Cd)的测定		
序号	质量浓度/(mg/L)	吸光度
标样 1		
标样 2		
标样 3		
标样 4		
标样 5		
标准曲线参数	$y=ax+b$,$a=$	,$b=$,$r=$

(二)将样品测定数据和检出限计算结果填入表 5-3 中

表 5-3 样品分析实验数据

样品编号	Cu		Zn		Pb		Cd	
	吸光度	质量浓度/(mg/L)	吸光度	质量浓度/(mg/L)	吸光度	质量浓度/(mg/L)	吸光度	质量浓度/(mg/L)
检出限计算结果/(mg/L)								

七、注意事项

1. 在测定过程中,要定期复测空白溶液和工作标准溶液,以检查基线的稳定性和仪器的灵敏度是否发生了变化。

2. 各类玻璃器皿、采样瓶等实验容器都需要在盛有 1+1 磷酸溶液的酸缸中浸泡 24h,晾干后才能使用。

八、相关标准

水质 铜、锌、铅、镉的测定 原子吸收分光光度法:GB 7475—87。

九、思考题

1. 原子吸收光谱仪主要由哪几部分组成? 如果空心阴极灯长期闲置不用会有什么后果? 应如何处理?

11-文档

2. 火焰原子吸收分光光度法主要干扰有哪些？如何去除这些干扰？

3. 如何区分水溶液溶解的金属含量和金属总量？

实验 6　水中苯酚的测定
——液相色谱法

一、实验目的

1. 初步掌握高效液相色谱仪的基本结构和正确使用方法。

2. 了解反相液相色谱仪分离非极性与弱极性化合物的基本原理。

3. 掌握水中苯酚定性和定量分析的原理和方法。

二、实验原理

液相色谱法的分离原理主要是溶于流动相（水相或者有机相）中的各组分物质，在经过固定相（液相柱）时，由于与固定相发生作用（吸附、分配、离子吸引、排阻、亲和）的强弱不同，在固定相中滞留的时间不同，从而先后从固定相中流出，然后经不同的检测器检测。液相色谱仪一般由储液器、泵、进样器、色谱柱、检测器、数据处理器等组成。

12-PPT

本实验测定水中苯酚的原理主要是，在酸性（pH＝2）条件下，用 GDX－502 树脂吸附水中的酚类化合物，用碳酸氢钠水溶液淋洗树脂，除去有机酸，然后用乙腈洗脱、定容，液相色谱法分离测定。

三、预习要求

液相色谱法测定水中苯酚的原理和注意事项，液相色谱仪的基本操作方法。

四、仪器和试剂

1. 仪器：液相色谱仪（配紫外检测器），配 C18 液相色谱柱（250mm×4.6mm×5μm）或其他合适的柱子；层析柱（内径约 1cm）；实验室常用仪器和设备。

13-视频

2. 试剂：GDX－502 树脂（60～80 目），乙腈（色谱纯），甲醇（色谱纯），乙酸（分析纯），丙酮（分析纯），盐酸溶液（6mol/L），碳酸氢钠溶液（0.05mol/L），苯酚标准溶液（自配或购买标准品）。

3. 材料：环境水样。

五、实验内容

(一)样品前处理

1. 树脂的纯化:树脂使用前应在精制的丙酮里浸泡数日,数次更换新溶剂至丙酮无色,再用乙腈回流提取 6h 以上,纯化后的树脂密封保存在甲醇中备用。

2. 层析柱的准备:先在层析柱的活塞上部放少许干净的玻璃棉,然后湿法加入净化后的树脂,直至树脂床高约 80mm,最后,在树脂层上放一层玻璃棉(晃动或轻敲柱体赶走柱中的气泡)。打开活塞放出甲醇,直到液面刚好到达树脂床顶部。用 10mL 乙腈分两次淋洗树脂,再用 10mL 水淋洗树脂。每次淋洗时都不要使液面低于树脂床顶部。

3. 样品富集:根据水中酚类化合物的含量,取水样 50～200mL(浓度高的水样,需适当稀释),用 6mol/L 盐酸调节 pH＝2。使水样以大约 4mL/min 的流速流经层析柱,当大量水样流过柱子后,保持液面不低于树脂床顶部,用 10mL 碳酸氢钠溶液,分两次淋洗层析柱。将树脂床的水溶液全部放出,并用洗耳球轻轻加压将柱中水尽量排尽。

4. 样品洗脱:用 2.0mL 乙腈淋洗层析柱平衡 10min,打开柱活塞,待乙腈自然流停后再加入 3.0mL 乙腈,将乙腈全部放出并收集后,将洗脱液定容至 5.0mL。

(二)测定

1. 仪器参考条件:流动相为 50％乙腈(含 1％乙酸)＋50％水(含 1％乙酸);流速为 1.00mL/min;UV 检测器,波长为 280nm、290nm;进样量为 10μL。

2. 标准曲线的制作:配制五个合适的标准溶液(质量浓度分别为 1.0,2.0,5.0,10.0,20.0mg/L),用高效液相色谱仪进样,保留时间定性,峰高或峰面积定量绘制标准曲线。

3. 空白实验:在测定的同时,用实验用水代替样品,使用同样的操作步骤、同样的试剂,但不含样品,进行实验。

4. 样品分析:用液相色谱法测定样品溶液中的苯酚含量。

(1)定性分析:根据相对保留时间、不同波长下的紫外光谱确定苯酚的出峰位置。

(2)定量分析:根据样品溶液中的峰高或峰面积,由标准曲线得出苯酚的含量。

(三)计算

按式(6-1)计算水样中目标化合物的质量浓度。

$$\rho' = (\rho - \rho_0) \times V_2 \times 1000/V_1 \qquad (6-1)$$

式中:ρ'——样品中苯酚的质量浓度,$\mu g/L$;

ρ——由标准曲线查得的样品溶液中苯酚的质量浓度,mg/L;

ρ_0——由标准曲线查得的实验空白溶液中苯酚的质量浓度,mg/L;

V_2——洗脱液体积,mL;

V_1——水样的体积,mL。

六、数据记录与处理

（一）将标准溶液的测定数据填入表 6-1 中

表 6-1　标准溶液测定数据

标准溶液质量浓度/(mg/L)				
峰高或峰面积				
标准曲线参数	$y=ax+b, a=$		$,b=$	$,r=$

（二）将样品测定数据和计算结果填入表 6-2 中

表 6-2　样品实验数据

测定次数	1	2	3
ρ_0/(mg/L)			
ρ/(mg/L)			
洗脱液体积 V_2/mL			
水样的体积 V_1/mL			
水样中苯酚质量浓度 ρ'/(μg/L)			
水样中苯酚平均质量浓度 $\overline{\rho'}$/(μg/L)			
相对标准偏差/%			

七、相关标准

[1]水质 9 种烷基酚类化合物和双酚 A 的测定 固相萃取/高效液相色谱法：HJ 1192—2021。

[2]环境空气 酚类化合物的测定 高效液相色谱法：HJ 638—2012。

八、思考题

1.为什么提取苯酚要先调节水样为酸性？

2.为何要在流动相中加入 1‰乙酸？

3.如何选择液相色谱法合适的流动相、固定相和检测器？

4.湿法装树脂柱时为什么要时刻保持液面在树脂床顶部？否则会有什么后果？

实验 7　苯系物的测定——气相色谱法

一、实验目的

1. 了解气相色谱仪的基本结构和使用方法。
2. 掌握空气和废气中苯系物定性和定量分析的原理和方法。

二、实验原理

气相色谱仪是指用气体作为流动相的色谱分析仪器,其原理主要是利用物质的沸点、极性及吸附性质的差异实现混合物的分离。

14-PPT

气相色谱仪主要由载气系统、进样系统、色谱柱和柱箱、检测系统和数据处理系统五部分组成。待分析样品在气化室气化后被惰性气体(即载气,亦称流动相)带入色谱柱内,柱内含有液体或固体固定相,样品中各组分都倾向于在流动相和固定相之间形成分配或吸附平衡。随着载气的流动,样品组分在运动中进行反复多次的分配或吸附/解吸,在载气中分配浓度大的组分先流出色谱柱,而在固定相中分配浓度大的组分后流出,组分流出色谱柱后进入检测器被测定。通常可用于分析热稳定且沸点不超过 500℃ 的有机物,如挥发性有机物、有机氯、有机磷、多环芳烃、酞酸酯等,具有快速、有效、灵敏度高等优点。

气相色谱仪常用的检测器有电子捕获检测器(ECD)、氢火焰离子化检测器(FID)、火焰光度检测器(FPD)及热导检测器(TCD)等。

本次实验测定环境空气和废气中的苯系物,用活性炭采样管富集样品,然后在实验室用二硫化碳(CS_2)解吸,使用配有 FID 的气相色谱仪进行检测分析。根据保留时间定性,峰高或峰面积定量。

三、预习要求

气相色谱法测定环境空气和废气中苯系物的原理和注意事项,气相色谱仪的基本操作方法。

四、仪器和试剂

1. 仪器:气相色谱仪(配备 FID),PEG - 20M 气相色谱柱(30m×0.32mm×1μm)或其他等效柱,载气为高纯氮气,氢气,空气,气相进样瓶,微量进样针,一般实验室常用仪器设备等。

2. 试剂:二硫化碳(分析纯),经色谱鉴定无干扰峰;苯系物标准品(包含苯、甲苯、二甲苯、乙苯、异丙苯、苯乙烯)。

3. 活性炭采样管:采样管内装有两段特制的活性炭,即 A 段 100mg,B 段 50mg。A

段为采样段,B 段为指示段,详见图 7-1。

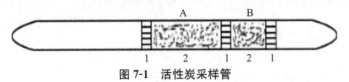

图 7-1　活性炭采样管

1—玻璃棉;2—活性炭;A—100mg 活性炭;B—50mg 活性炭

五、实验内容

(一)样品前处理

样品的解吸:将活性炭采样管中 A 段和 B 段取出,分别放入 2mL 气相进样小瓶中,每个进样小瓶中各加入 1.00mL 二硫化碳后密闭,轻轻振动,在室温下解吸 1h 后得到解吸液,按照标准溶液的测定方式进行气相色谱分析。

(二)测定

1.仪器参考条件:柱箱温度,40℃ 保持 6.5min,以 20℃/min 升温到 120℃ 并保持 3min;进样口温度 150℃;FID 检测器,温度 250℃;载气(氮气)流量 2.0mL/min;氢气流量 40mL/min;空气流量 400mL/min;尾吹气(氮气)流量 30mL/min;进样量 1.0μL。

15-视频

2.标准曲线的制作:取适量标准贮备液,稀释到 1.00mL 二硫化碳中,配制质量浓度依次为 0,0.50,1.00,5.00,20.0,50.0mg/L 的标准溶液,分别取标准溶液 1.0μL 注射到气相色谱仪进样口,根据各目标组分质量浓度和响应值绘制标准曲线(保留时间定性,峰高或峰面积定量)。

3.空白实验:在测定的同时,取空白活性炭管,使用同样的操作步骤、同样的试剂进行测定,所得结果为 ρ_{i0}。

4.样品分析:用气相色谱法分离测定样品溶液中的苯系物,依据保留时间定性,根据标准曲线定量。

(三)计算

按式(7-1)计算活性炭中目标化合物的质量浓度。

$$\rho'_i = (\rho_i - \rho_{i0})V/V_{nd} \qquad (7-1)$$

式中:ρ'_i——气体中苯系物组分 i 的质量浓度,mg/m³;

ρ_i——由标准曲线查得的样品解吸液中苯系物组分 i 的质量浓度,注意将 A 段和 B 段测定浓度相加,mg/L;

ρ_{i0}——由标准曲线查得的空白解吸液中苯系物组分 i 的质量浓度,mg/L;

V——解吸液体积,mL;

V_{nd}——标准状态下(101.325kPa,0℃)的采样体积,L。

六、数据记录与处理

(一)将标准溶液测定数据填入表 7-1 中

表 7-1　标准溶液测定数据

标准溶液中 i 组分的质量浓度/(mg/L)	0	0.50	1.00	5.00	20.0	50.0
峰高或峰面积						
i 组分标准曲线参数	$y=ax+b,a=$		$,b=$		$,r=$	

(二)将样品溶液测定数据填入表 7-2 中

表 7-2　样品溶液测定数据

测定项目	1-A	1-B	2-A	2-B	3-A	3-B
峰高或峰面积						
样品解吸液中 i 组分的质量浓度 ρ_i/(mg/L)						
空白解吸液中 i 组分的质量浓度 ρ_{i0}/(mg/L)						
样品采样体积 V_{nd}/L						
样品中 i 组分的质量浓度 ρ'_i/(mg/m³)						

七、注意事项

1. 二硫化碳在使用前应经过气相色谱仪鉴定是否存在干扰峰,如存在干扰峰,则应对二硫化碳提纯。

2. 活性炭采样管:敲开活性炭采样管的两段,与采样器相连(A 段为气体入口),检查采样系统的气密性,以合适的流量采样。采样开始后和结束前需记录采样流量。采样结束后取下采样管,立即用聚四氟乙烯帽密封。

3. 每批样品分析时应带一个标准曲线中间浓度校核点,中间浓度校核点测定值与标准曲线相应点浓度的相对误差应不超过 20%。

八、相关标准

环境空气 苯系物的测定 活性炭吸附/二硫化碳解吸-气相色谱法：HJ 584—2010。

九、思考题

1.活性炭采样管为什么设置 A 段和 B 段两段活性炭？在实际采样过程中，如何判断采样管有无穿透？

2.气相色谱的常见检测器有哪些？分析不同的化合物时如何选择不同的检测器？

3.气相色谱法的特点和局限性有哪些？适用于分析哪些化合物？

实验 8　环境空气和废气中非甲烷总烃的测定——气相色谱法

一、实验目的

1.学习气体直接进样的气相色谱操作方法。

2.掌握测定环境空气和废气中非甲烷总烃的原理和方法。

二、实验原理

非甲烷总烃(non-methane hydrocarbon,NMHC)是指在一定测定条件下,除甲烷之外的所有在气相色谱仪的氢火焰离子化检测器上有响应的气体有机物的总和,主要包括烷烃、烯烃、芳香烃和含氧烃等。非甲烷总烃超过一定浓度时,除直接对人体健康有害外,在阳光作用下可生成包含臭氧、过氧乙酰硝酸酯和醛类等被称为光化学烟雾的物质,其危害性和毒性已成为最受关注的环境污染类型之一。

监测环境空气和工业废气中的 NMHC 有许多种方法,但目前大多数采用气相色谱法。用气相色谱氢火焰离子化检测器(FID)测得的空气中总烃与甲烷的含量之差表示,质量浓度以碳或甲烷计,单位为 mg/m³。本实验采用的是以甲烷计的方式。

以氮气为载气测定空气和废气中总烃时,总烃的峰中包含氧,即气样中的氧产生正干扰,当气相色谱条件一定时,一定量的氧的响应值是固定的,因此可以先用除烃空气求出空白值,再从总烃峰中扣除该值以消除氧的干扰。

三、预习要求

气相色谱法测定环境空气和废气中非甲烷总烃的原理和注意事项,气相色谱仪的基本操作方法和注意事项。

四、仪器和试剂

1.仪器

(1)气相色谱仪:配有填充柱或毛细管柱,FID检测器。可同时使用两台气相色谱仪分别测定总烃和甲烷,也可配备专用于总烃和甲烷分析的双FID气相色谱仪。

(2)简易净化空气装置:可选用商品化专用除烃设备。

(3)色谱柱:

填充柱:材质为不锈钢柱或硬质玻璃,管内填充合适的担体,一般内填60~80目的GDX-503担体,用于测定甲烷。

总烃柱(空柱):材质为不锈钢柱或硬质玻璃,管内填充合适的担体,一般内填一定量40~60目玻璃微珠或色谱用硅烷化白色担体,或者使用脱活毛细管总烃柱(30m×0.53mm),用于测定总烃。

毛细管柱:30m×0.53mm×25μm多孔层开口管分子筛柱或其他等效柱,用于测定甲烷。

(4)玻璃注射器(100mL),聚乙烯气体采样袋。

2.试剂

(1)甲烷标准气体:体积比为0.001%(换算为标准状态下质量浓度为7.14mg/m³),以氮气为底气。

(2)高纯空气:经5Å分子筛、活性炭和硅胶净化处理。

(3)氢气:经5Å分子筛、活性炭和硅胶净化处理。

(4)氮气:纯度大于99.99%。

五、实验内容

(一)样品采集与保存

1.针筒采样:针筒在使用前应用3.3mol/L磷酸溶液洗涤,然后用水洗净,干燥后备用。在采样点抽取气体样品,抽取前用样品反复抽洗3次,然后采集100mL样品,用橡皮帽密封,避光保存,应当天分析完毕。

2.气袋采样:气袋在使用前应先检查密封性和本底值,然后抽成真空备用。在采样点抽取气体样品时,抽取前用样品反复抽洗3次,然后采集满袋样品,避光保存,在24h内分析完毕。

(二)标准曲线的制作

标准气体稀释方法:用100mL注射器抽取7.14mg/m³甲烷标准气体80mL,用胶帽密封注射器口,用另一只带针头的注射器取20mL高纯氮气,注入有甲烷标准气体的注射器中,混匀后得5.72mg/m³的1号标准气体。之后可继续按照上述方法稀释,得到4.28mg/m³、2.86mg/m³的标准气体。在上述仪器分析条件下,取1mL标准气体样品分别进入填充柱和空柱检测分析,每个浓度重复测定 2 次,分别以甲烷、总烃响应值峰面积/峰高均值对其质量浓度绘制标准工作曲线,要求线性相关系数 $\gamma > 0.995$,其中总烃以甲烷计。

(三)测定

1. 仪器参考条件:柱温 80℃,检测器温度 120℃,进样口温度 120℃。填充柱和空柱载气(氮气)流量 33mL/min,毛细管柱载气流量 3～5mL/min,氢气流量 30mL/min,氮气流量 30mL/min,空气流量300mL/min。进样量 1mL。仪器预热,通入氮气,设定柱温 120℃,检测器温度 120℃,进样口温度 120℃,一般预热 0.5～1h。如果检测器点火失败,可适当延长预热时间再尝试点火。

16-视频

2. 氧峰测定:进行总烃测量的时候,由于氧气峰无法在空柱中进行分离,氧气峰包含在总烃峰内,因此测定总烃过程中需单独测定除烃空气,得到氧峰的峰面积,再从总烃响应值中扣除。

3. 样品测定:将现场采集的气样、标准气样在上述条件下进样分析,根据保留时间,对气样中各种成分进行定性分析,记录总烃和甲烷的峰高或峰面积,用于定量计算。注意样品中的总烃和甲烷应根据各自检测情况绘制标准曲线。总烃、除烃空气(氧峰)色谱图如图 8-1 所示。

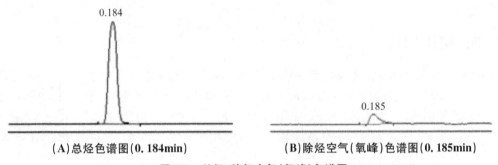

(A)总烃色谱图(0.184min)   (B)除烃空气(氧峰)色谱图(0.185min)

图 8-1   总烃、除烃空气(氧峰)色谱图

(四)计算

按式(8-1)计算非甲烷总烃的质量浓度。

$$\rho = \rho_1 - \rho_2 \qquad (8-1)$$

式中:ρ——待测气样中非甲烷总烃的质量浓度,mg/m^3;

$\quad \rho_1$——待测气样中总烃的质量浓度,mg/m^3;

$\quad \rho_2$——待测气样中甲烷的质量浓度,mg/m^3。

七、相关标准

[1]环境空气 总烃、甲烷和非甲烷总烃的测定 直接进样-气相色谱法:HJ 604—2017。

[2] 固定污染源排气 总烃、甲烷和非甲烷总烃的测定 气相色谱法：HJ 38—2017。

八、思考题

1. 本方法为什么要求测氧峰？

2. 《环境空气 总烃、甲烷和非甲烷总烃的测定 直接进样-气相色谱法》中总烃测的是什么？测定非甲烷总烃时为什么最好以碳计？

3. 测定总烃含量的时候，为什么要使用空柱？

4. 气相色谱柱的老化有什么作用？什么情况下需要老化色谱柱？

17-文档

实验 9　土壤中有机氯农药的测定
——气相色谱法

一、实验目的

1. 了解有机氯农药的种类、性质和特点。

2. 学习土壤中有机氯农药的萃取、净化和浓缩等前处理方法。

3. 掌握气相色谱法中干扰的判别方法和消除方法，掌握气相色谱法中不同检测器的适用范围。

二、实验原理

有机氯农药是用于防治植物病虫害的有机化合物，其组成成分中含有氯元素。有机氯农药主要分为以苯为原料和以环戊二烯为原料两大类，前者如使用最早、应用最广的滴滴涕（DDT）、六六六等杀虫剂，三氯杀螨砜、三氯杀螨醇等杀螨剂，五氯硝基苯、百菌清、道丰宁等杀菌剂；后者如作为杀虫剂的氯丹、七氯、艾氏剂等。此外，以松节油为原料的莰烯类杀虫剂、毒杀芬和以萜烯为原料的冰片基氯也属于有机氯农药。

18 – PPT

有机氯农药结构较稳定，难以被生物体内的酶降解，所以累积在动、植物体内的有机氯农药分子消失缓慢。由于这一特性，环境中的残留农药可通过生物富集和食物链进行传输，进入人体的有机氯农药能在肝、肾、心等组织中蓄积，特别是由于这类农药脂溶性大，所以在体内脂肪中的累积贮存更加突出。蓄积的残留农药也能通过母乳排出，或转入卵蛋等组织，影响后代。中国于 20 世纪 60 年代开始禁止将 DDT、六六六用于蔬菜、茶叶、烟草等作物上。

本实验选用典型的有机氯农药六六六、滴滴涕作为分析目标。土壤样品中的六六六和滴滴涕农药残留量分析的实验原理是首先采用合适的有机溶剂进行萃取，通过浓硫酸净化或柱层析净化除去干扰物，用气相色谱仪检测，根据色谱峰的保留时间定性，外标法定量。

三、预习要求

测定土壤中有机氯农药的原理,ECD 检测器的适用范围和使用注意事项。

四、仪器和试剂

1. 仪器:气相色谱仪(配 ECD),VF－5ms 毛细管色谱柱(30m×0.25mm×0.25μm)或其他等效柱。提取装置(索氏提取器或快速溶剂萃取仪等性能相当的设备,配备相应萃取池),凝胶渗透色谱仪(或其他有净化功能的填充柱),浓缩装置(旋转蒸发仪、氮吹仪或其他具有同样性能的设备),一般实验室常用仪器和设备等。

2. 试剂:

(1)干燥剂:优级纯无水硫酸钠或粒状硅藻土 250～150μm(60～100 目)。置于马弗炉中 400℃烘烤 4h,冷却后装入磨口玻璃瓶中密封,于干燥器中保存。

(2)溶剂:经本法空白检验无干扰峰的正己烷、丙酮。

(3)浓硫酸(优级纯)。

(4)六六六和滴滴涕的标准贮备液:α－六六六、β－六六六、γ－六六六、σ－六六六、p,p′－DDE、o,p′－DDT、p,p′－DDD、p,p′－DDT。

3. 材料:环境土壤样品。

五、实验内容

(一)样品的前处理

1. 土壤样品的处理:采集后风干去杂物,研碎过 60 目筛,充分混匀,取 500g 装入样品瓶中备用。土壤样品应尽快分析,如暂不分析可保存在－18℃冷冻箱中。

19-视频

2. 土壤样品中六六六、滴滴涕的提取:

(1)索氏提取法:准确称取 20.0g 土壤置于小烧杯中,加入硅藻土 4g,充分混匀,移入滤纸筒内,上部盖一张滤纸,将滤纸筒装入索氏提取器中,加入 100mL 正己烷-丙酮(1+1)。使用 30mL 萃取溶剂浸泡土样 12h,然后在 75～95℃恒温水浴箱上加热提取4h,每小时回流4～6次。待冷却后,将提取液移入 250mL 分液漏斗中,用 10mL 正己烷分三次冲洗提取器及烧瓶,将洗液并入分液漏斗中,加入 100mL 硫酸钠溶液,振荡 1min,静置分层后,弃去下层丙酮水溶液,将上层提取液浓缩至总体积约 20mL,待净化。

(2)快速溶剂提取:准确称取 20.0g 土壤、10g 硅藻土倒入研钵,搅拌混匀,将混匀后的样品转移至 66mL 萃取池中,萃取池内先放入滤片,拧紧萃取池盖子。使用快速溶剂萃取仪进行样品提取,参考的仪器条件为:萃取剂正己烷-丙酮(1+1),预热时间 2min,加热时间 5min,静态萃取时间 10min,冲洗溶剂占萃取池体积 20%,吹扫萃取池的时间60s,循环 2 次,萃取压强为 $1.03×10^4$ kPa,萃取温度为 100℃。将萃取液氮吹浓缩,将溶剂转化为正己烷后浓缩至总体积约 20mL,提取液留待净化。

3. 土壤萃取样品的净化(浓硫酸净化法):将上述提取液倒入分液漏斗中,然后加入 2~5mL 浓硫酸,振摇 1min,静置分层后,弃去硫酸层(注意:在用浓硫酸净化过程中,要防止发热爆炸,加浓硫酸后,刚开始要慢慢振摇,不断放气,然后再较快振摇)。按上述步骤重复数次,直至浓硫酸层澄清,然后向弃去硫酸层的正己烷提取液中加入其体积量一半左右的硫酸钠溶液。振摇,待其静置分层后弃去水层,如此重复至提取液呈中性(一般需 2~4 次)。正己烷提取液再经装有少量无水硫酸钠的筒形(或三角形)漏斗脱水,滤入平底烧瓶中,用旋转蒸发仪浓缩至 5mL,最后用正己烷定容至 10mL,供气相色谱测定。

(二)测定

1. 仪器参考条件:

色谱柱程序升温:从 90℃开始,以 10℃/min 升至 200℃,再以 20℃/min 升至 300℃,保留 1min;进样口温度 280℃;检测器温度 300℃;气体流速:N_2(1.0mL/min),分流比 20∶1(选用不同柱子时会有差别);电子捕获检测器(ECD);进样量 1.0μL。

2. 定性分析:

将需要检测的化合物单组分进样,以确定各个化合物的出峰位置(出峰顺序大致为 α-六六六、β-六六六、γ-六六六、σ-六六六、p,p'-DDE、o,p'-DDT、p,p'-DDD、p,p'-DDT,不同柱子对化合物出峰顺序可能有影响)。

3. 定量分析:

(1)标准曲线的制作:配制合适的五个标准溶液浓度(由于仪器不同,ECD 响应的灵敏度可能不同,建议配制质量浓度从 50μg/L 至 500μg/L),用气相色谱仪进样,保留时间定性,峰高或峰面积定量,绘制标准曲线。

(2)空白实验:在测定的同时,使用同样的操作步骤、同样的试剂,但不含样品,以同样的气相分析条件进行空白实验。

(3)样品的定量分析:将前处理好的样品用气相色谱仪进样,按照保留时间确定化合物,按标准曲线计算定量结果。如果样品检验时存在干扰,可以采用双柱定性:用另一根极性有差异的色谱柱进行确认检验,可以确定六六六、滴滴涕及杂质干扰状况。

(三)计算

按式(9-1)计算土壤中各组分含量。

$$w_i = (\rho_i - \rho_{i0})V/m \tag{9-1}$$

式中:w_i——土壤中 i 组分的质量比,μg/kg;

ρ_i——由标准曲线查得的土壤样品中 i 组分的质量浓度,μg/L;

ρ_{i0}——由标准曲线查得的空白样品中 i 组分的质量浓度,μg/L;

V——样品定容体积,mL;

m——称取的土壤质量,g。

六、数据记录与处理

(一)将标准溶液测定数据填入表9-1中

表9-1　标准溶液测定数据

序号	1	2	3	4	5	6
标准溶液中 i 组分的质量浓度/($\mu g/L$)						
峰高或峰面积						
i 组分标准曲线参数	$y=ax+b,a=$		,$b=$		,$r=$	

(二)将样品分析测定数据填入表9-2中

表9-2　样品分析测定数据

化合物名称	α-六六六	β-六六六	γ-六六六	σ-六六六	p,p'-DDE	o,p'-DDT	p,p'-DDD	p,p'-DDT
土壤称样量/g								
峰高或峰面积								
样品中 i 组分的质量浓度 ρ_i/($\mu g/L$)								
空白实验中 i 组分的质量浓度 ρ_{i0}/($\mu g/L$)								
样品中 i 组分的质量比/($\mu g/kg$)								

七、注意事项

本实验所用的各种溶剂均为易燃的有机溶剂,应在通风橱中操作,废液不能随意倾倒,应集中回收,统一处理。实验过程中应避免阳光直接照射。

八、相关标准

土壤中六六六和滴滴涕测定的气相色谱法:GB/T 14550—2003。

九、思考题

1.使用分液漏斗萃取时,当产生乳化现象时,破乳的方法有哪些?

2.有机氯农药使用浓硫酸净化可除去哪些杂质?

3.对于样品分析时可能出现的干扰或者假阳性结果,除了采用双柱方法外,还有什么方法可以排除干扰?

实验 10 土壤中重金属的测定
——电感耦合等离子体质谱法

一、实验目的

1. 学习电感耦合等离子体质谱法(ICP-MS)的原理和方法。
2. 学习测定土壤中重金属的前处理方法。
3. 了解电感耦合等离子体质谱法的主要干扰及消除方法。

二、实验原理

土壤样品用盐酸、硝酸混合溶液经电热板或微波消解仪消解后,用电感耦合等离子体质谱法(ICP-MS)进行检测。根据元素的质谱图或特征离子进行定性,内标法定量。ICP-MS 仪器结构如图 10-1 所示。

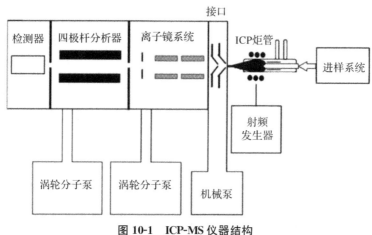

图 10-1 ICP-MS 仪器结构

样品由载气带入雾化系统进行雾化后,目标元素以气溶胶形式进入等离子体的轴向通道,在高温和惰性气体中被充分蒸发、解离、原子化和电离转化成带电荷的正离子,经离子采集系统进入质谱仪,质谱仪根据离子的质荷比进行分离并定性、定量分析。在一定浓度范围内,离子的质荷比所对应的响应值与其浓度呈正比。

三、预习要求

测定土壤中重金属的原理和注意事项,电感耦合等离子体质谱仪的基本操作。

四、仪器和试剂

1. 仪器:电感耦合等离子体质谱仪,消解装置(温控电热板、石墨消解仪或其他具备

同样功能的仪器),聚四氟乙烯密封消解罐,分析天平,一般实验室常用仪器和设备。

2.试剂:

(1)浓盐酸(优级纯)、浓硝酸(优级纯)、王水[盐酸-硝酸混合酸(体积比3∶1)]、氢氟酸(优级纯)、高氯酸(优级纯)、硝酸溶液(0.5mol/L)。

(2)高纯度金属的标准贮备液(单元素或多元素)、内标标准贮备液(宜选用 ^{6}Li、^{45}Sc、^{74}Ge、^{89}Y、^{103}Rh、^{115}In、^{185}Re、^{209}Bi,介质为 0.5mol/L 硝酸溶液)。

(3)调谐液:含有 Li、Be、Mg、Y、Co、In、Tl、Pb、Bi 元素的标准溶液。

注意:所有元素的标准溶液配制后均应在密封的聚乙烯或聚丙烯瓶中保存。

3.材料:环境土样。

五、实验内容

(一)土壤样品制备前处理

除去土壤样品中的树枝、叶片、石子等异物。将采集的样品进行风干、粗磨、细磨至过孔径 0.15mm(100 目)筛。样品的制备过程应避免玷污和待测元素损失。

(二)土壤样品消解前处理

1.电热板加热消解:移取 15mL 王水于 100mL 锥形瓶中,加入 3 粒或 4 粒小玻璃珠,放上玻璃漏斗,于电热板上加热至微沸,使王水蒸汽浸润整个锥形瓶内壁约 30min,冷却后弃去,用实验用水洗净锥形瓶内壁,晾干备用。

准确称取待测样品约 0.1g,置于上述已准备好的 100mL 锥形瓶中,加入 6mL 王水,放上玻璃漏斗,于电热板上加热,保持王水处于微沸状态 2h(保持王水蒸汽在瓶壁和玻璃漏斗上回流,但反应不能过于剧烈而导致样品溢出)。消解结束后静置冷却至室温,用慢速定量滤纸将提取液过滤收集至 50mL 容量瓶(容量瓶使用前需用酸浸泡过并清洗干净)。待提取液滤尽后,用少量硝酸溶液清洗玻璃漏斗、锥形瓶和滤渣至少 3 次,洗液一并过滤收集于容量瓶中,用实验用水定容至刻度,作为待测样品。

2.快速高通量石墨炉消解:准确称取待测样品约 0.1g 到聚四氟乙烯密封消解罐中,沿壁加入 1mL 超纯水(将附着在壁上的样品冲下)。加入 4mL 氢氟酸-高氯酸混合酸(体积比 4∶1),静置过夜。在石墨消解仪上设置升温程序,先升温至 120℃ 加热 0.5h(包含升温时间),再升温至 140℃ 加热 1h(包含升温时间),最后升温至 160℃ 加热 1h(包含升温时间),敞口赶酸至体积小于 0.5mL,稍冷 5min。然后进行第二次加酸,加入 2mL 氢氟酸-高氯酸混合酸(体积比 4∶1),于 160℃ 加热完全蒸干,稍冷 5min。加入 2mL 盐酸(2mol/L)复溶提取,并用超纯水定容至 50mL,混匀后倒入聚丙烯比色管或者用酸浸泡过清洗干净的 50mL 容量瓶中待测。

20-视频

（三）测定

1. 仪器调谐：点燃等离子体后，仪器预热稳定 30min。用质谱仪调谐液对仪器的灵敏度、氧化物和双电荷进行调谐，在仪器的灵敏度、氧化物和双电荷满足要求的条件下，质谱仪给出的调谐液中所含元素信号强度的相对标准偏差应≤5%。在涵盖待测元素的质量范围内进行质量校正和分辨率校验，如质量校正结果与真实值相差超过±0.1amu 或调谐元素信号的分辨率在 10%峰高处所对应的峰宽超过 0.6～0.8amu 的范围，应按照仪器使用说明书对质谱仪进行校正。仪器参考条件见表 10-1，推荐使用和同时检测的同位素以及对应的内标物见表 10-2。

表 10-1　仪器参考条件

功率/W	雾化器	采样锥和截取锥	载气流速/(L/min)	采样深度/mm	内标加入方式	检测方式
1240	高盐雾化器	镍	1.10	6.9	在线加入内标：锗、铟、铋等多元素混合标准溶液	自动测定 3 次

表 10-2　推荐使用和同时检测的同位素以及对应的内标物

元素	质量数	内标	元素	质量数	内标
镉	<u>111</u>,114	Rh 或 In	铅	206,207,208	Re 或 Bi
钴	59	Sc 或 Ge	锌	66,67,68	Ge
铜	<u>63</u>,65	Ge	钒	<u>51</u>	Sc 或 Ge
铬	<u>52</u>,53	Sc 或 Ge	砷	<u>75</u>	Ge
锰	<u>55</u>	Sc 或 Ge	钼	95,98	Rh
镍	<u>60</u>,62	Sc 或 Ge	锑	<u>121</u>,123	Rh 或 In

注：下划线表示推荐使用的质量数。

2. 标准曲线的制作：分别移取一定体积的多元素或单元素标准使用液于同一组 100mL 容量瓶中，用硝酸溶液稀释定容至刻度，混匀。以 0.5mol/L 硝酸溶液作为标准曲线最低点，另制备至少 5 个浓度点的标准溶液。内标标准使用液可直接加入标准系列中，也可通过蠕动泵在线加入。内标应选择样品中不含有的元素，或含量远大于样品本身含量的元素。按优化的仪器参考条件，将标准系列从低浓度到高浓度依次导入雾化器进行分析，以各元素的质量浓度为横坐标，对应的响应值和内标响应值的比值为纵坐标，制作标准曲线。标准曲线的浓度范围可根据测定实际需要进行调整。

3. 样品的测定:测定每个样品前,用硝酸溶液冲洗系统直至信号降至最低,待分析信号稳定后开始测定。按照与建立标准曲线相同的仪器参考条件和操作步骤测定消解后的样品溶液。若样品中待测目标元素浓度超出标准曲线范围,须经稀释后重新测定,稀释液使用硝酸溶液,稀释倍数为 f。

21-视频

4. 空白实验:在测定的同时,按照同样的操作步骤、使用同样的试剂,但不含样品,按照相同的仪器条件进行空白实验。

5. 土壤样品干物质含量测定:将称量瓶(含瓶盖)于 (105 ± 5)℃下烘干 1h,置于干燥器中冷却 45min,测定带盖容器的质量 m_0。取 10~15g 风干土壤样品转移至已称重的称量瓶中,盖上瓶盖,测定总质量 m_1。取下瓶盖,将称量瓶和风干土壤样品,以及瓶盖一并放入烘箱中,在 (105 ± 5)℃下烘干至恒重。盖上容器盖,置于干燥器中至少冷却 45min,取出后立即测定称量瓶和烘干土壤的总质量 m_2。本步骤中所有称量都精确至 0.01g。

(四)计算

按式(10-1)计算土壤样品中干物质的质量分数。

$$w_{dm} = (m_2 - m_0)/(m_1 - m_0) \times 100 \qquad (10-1)$$

式中:w_{dm}——土壤样品中干物质的质量分数,%;

m_0——称量瓶(含瓶盖)的质量,g;

m_1——称量瓶(含瓶盖)及风干土壤样品的质量,g;

m_2——称量瓶(含瓶盖)及烘干土壤样品的质量,g。

测定结果保留至小数点后一位。

按式(10-2)计算土壤样品中 i 金属元素的质量比 w_i(mg/kg)。

$$w_i = (\rho_i - \rho_{i0})Vf \times 10^{-3}/(mw_{dm}) \qquad (10-2)$$

式中:w_i——土壤样品中 i 金属元素的质量比,mg/kg;

ρ_i——由标准曲线查得样品中 i 金属元素的质量浓度,μg/L;

ρ_{i0}——空白实验中对应 i 金属元素的质量浓度,μg/L;

V——消解后样品的定容体积,mL;

f——样品的稀释倍数;

m——称取过筛后土壤样品的质量,g;

w_{dm}——土壤样品中干物质的质量分数,%。

六、数据记录与处理

(一)将标准溶液测定数据填入表 10-1 中

表 10-1　标准溶液测定数据

序号	1	2	3	4	5	6
标准溶液中 i 组分的质量浓度/(μg/L)						
峰高或峰面积						
i 组分标准曲线参数	$y=ax+b, a=$		, $b=$		, $r=$	

(二)将样品测定数据填入表 10-2 中

表 10-2　样品测定数据

i 组分名称						
土壤称样量/g						
峰高或峰面积						
样品中 i 组分的质量浓度 ρ_i/(μg/L)						
空白实验中 i 组分的质量浓度 ρ_{i0}/(μg/L)						
样品中 i 组分的质量比 w_i/(mg/kg)						

七、注意事项

1.实验所用的器皿须先经硝酸溶液浸泡 24h,然后依次用自来水和实验用水洗净后方可使用。

2.为保证仪器的稳定性和实验的准确性,应按照仪器说明书,定期测定一定数量样品后对仪器的雾化器、炬管、采样锥和截取锥进行清洗。

八、相关标准

[1]土壤和沉积物 12 种金属元素的测定 王水提取-电感耦合等离子体质谱法:HJ 803—2016。

[2]土壤 干物质和水分的测定 重量法:HJ 613—2011。

九、思考题

1.如何选用合适的内标元素? ICP－MS 测量时如何避免元素间的相互干扰?

2.测定重金属时为什么要尽量避免使用玻璃仪器?

实验 11　食品中总灰分的测定

一、实验目的

1. 掌握测定食品中总灰分的意义和原理。

2. 掌握称重法测定灰分的基本操作技术。

3. 熟悉高温炉的使用方法、坩埚的处理、样品炭化、灰化、天平称量、恒重等基本操作技能。

二、实验原理

样品经高温炭化后,其中的水分及挥发性物质以气体放出,有机物质中的碳、氢、氮等元素与氧生成二氧化碳、氮氧化物及水分而散失,无机物则以无机盐等形式残留下来,这些残留物即为灰分,称重残留物的质量即可计算出样品中总灰分的含量。

三、预习要求

总灰分测定的原理,总灰分测定的基本操作及注意事项。

四、仪器和试剂

1. 仪器:高温炉(最高使用温度≥950℃),分析天平,石英坩埚或瓷坩埚,干燥器(内有干燥剂),电热板,一般实验室常用仪器和设备。

2. 试剂:10%盐酸溶液。

3. 材料:小麦淀粉。

五、实验内容

(一)坩埚前处理

先用沸腾的 10%盐酸溶液洗涤,再用大量自来水洗涤,最后用蒸馏水冲洗。将洗净的坩埚置于高温炉内,在(900±25)℃下灼烧 30min,并在干燥器内冷却至室温,称重,记录坩埚的质量 m_1。

(二)称样

迅速称取双份样品 5～10g,样品直接称量到坩埚内,记录坩埚和样品的总质量 m_2。注意:样品要均匀分布在坩埚内,不要压紧。

(三)测定

将坩埚置于高温炉口或电热板上,半盖坩埚盖,小心加热使样品在通气情况下完全炭化至无烟,立刻将坩埚放入高温炉内,将温度升高至(900±25)℃,保持此温度直至剩余的炭全部消失为止,一般 1h 可灰化完毕,冷却至 200℃左右,取出,放入干燥器中冷却 30min。称量前如发现灼烧残渣有炭粒,应向样品中滴入少许水湿润,使结块松散,蒸干水分再次灼烧至无炭粒即表示灰化完全,方可称量。记录坩埚和总灰分的总质量 m_3。重复灼烧至前后两次称量相差不超过 0.5mg 为恒重。本实验所有称量数据应精确至 0.0001g。

22-视频

注意:两次恒重称量值,在最后计算中取质量较小的一次。

(四)计算

按式(11-1)计算样品中总灰分的质量分数。

$$w=(m_3-m_1)/(m_2-m_1)\times100 \tag{11-1}$$

式中:w——样品中总灰分的质量分数,%;

    m_1——坩埚的恒重质量,g;

    m_2——坩埚和样品的质量,g;

    m_3——坩埚和总灰分的恒重质量,g。

六、数据记录与处理

将实验数据填入表 11-1 中。

表 11-1 实验数据

测定次数	坩埚的恒重质量 m_1/g	坩埚和样品的质量 m_2/g	坩埚和总灰分的恒重质量 m_3/g	样品中总灰分的质量分数	
				计算结果 ω/%	平均值 $\overline{\omega}$/%
1					
2					

七、注意事项

1.样品炭化时要注意热源强度,防止产生大量泡沫溢出坩埚,造成样品损失,导致实验误差。对于含糖分、淀粉、蛋白质较高的样品,为防止泡沫溢出,炭化前可加数滴纯净植物油。

2.灼烧空坩埚与灼烧样品的条件应尽量一致,以消除系统误差。

3.把坩埚放入高温炉或从高温炉中取出时,要在炉口停留片刻,防止因温度骤然变化而使坩埚破裂。

4.灼烧后的坩埚应冷却到 200℃以下再移入干燥器中,否则,一方面会因强热冷空气

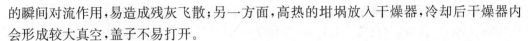

的瞬间对流作用,易造成残灰飞散;另一方面,高热的坩埚放入干燥器,冷却后干燥器内会形成较大真空,盖子不易打开。

5.新坩埚使用前须在 1∶1 盐酸溶液中煮沸 1h,用水冲净烘干,经高温灼烧至恒重后使用。用过的旧坩埚经初步清洗后,可用盐酸浸泡 20min,再用水冲洗干净。

八、相关标准

食品安全国家标准 食品中灰分的测定:GB 5009.4—2016。

九、思考题

1.灰分与无机盐含量有什么区别?

2.若灰分中杂夹炭粒,应如何处理?

实验 12　食品中蛋白质的测定
——凯氏定氮法

一、实验目的

1.掌握用凯式定氮法测定蛋白质含量的原理。

2.熟悉凯式定氮法的操作技术,包括样品的消化处理、蒸馏、滴定及蛋白质含量计算等。

二、实验原理

向样品中加入适量浓硫酸,在硫酸铜、硫酸钾催化作用下,加热使得蛋白质分解为氨,并与硫酸结合成硫酸铵,通过碱化蒸馏,使氨游离,用硼酸吸收形成硼酸铵后,再用酸标准溶液滴定,根据酸的消耗量计算氮含量,再乘以换算系数,即为蛋白质的含量。

三、预习要求

滴定法的基本操作,凯式定氮法测定蛋白质的原理、测定方法,蛋白质含量的计算方法。

四、仪器和试剂

1.仪器:消化装置,定氮蒸馏装置,自动凯氏定氮仪,一般实验室常用仪器和设备。

2.试剂:去离子水或蒸馏水,硼酸溶液(20g/L),氢氧化钠溶液(400g/L),盐酸标准溶液(0.0500mol/L),甲基红乙醇溶液(1g/L),亚甲基蓝乙醇溶液(1g/L),溴甲酚绿乙醇溶液(1g/L),A 混合指示液(2 份甲基红乙醇溶液与 1 份亚甲基蓝乙醇溶液临用时混合),

B混合指示液(1份甲基红乙醇溶液与5份溴甲酚绿乙醇溶液临用时混合),硫酸铜(CuSO₄·5H₂O),硫酸钾(K₂SO₄),浓硫酸(H₂SO₄)。

3.材料:黄豆粉、玉米粉。

五、实验内容

(一)样品前处理和测定

1.手动凯氏定氮法

(1)样品前处理:准确称取充分混匀的双份固体样品0.2~2g、半固体样品2~5g或液体样品10~25g(相当于30~40mg氮),移入干燥的100mL、250mL或500mL定氮瓶中,加入0.4g硫酸铜、6g硫酸钾及20mL浓硫酸,轻摇后于瓶口放一小漏斗,将瓶以45°角斜支于石棉网上,小心加热。待样品全部炭化,泡沫完全停止后,加强火力,并保持瓶内液体微沸,至液体呈蓝绿色并澄清透明后,再继续加热0.5~1h。取下放冷,小心加入20mL水,继续放冷后移入100mL容量瓶中,并用少量水洗定氮瓶,洗液并入容量瓶中,再加水至刻度,混匀备用。

(2)样品蒸馏及测定:按如图12-1所示装好定氮蒸馏装置,向水蒸气发生器内装水至1/3处,加入数粒玻璃珠,加数滴甲基红乙醇溶液及数毫升硫酸,以保持水呈酸性,加热煮沸水蒸气发生器内的水并保持沸腾。

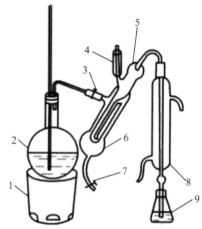

向接收瓶内加入10.0mL硼酸溶液及1~2滴A混合指示剂或B混合指示剂,并使冷凝管的下端插入液面以下,根据样品中氮含量,准确吸取2.0~10.0mL样品处理液,由小玻杯注入反应室,以10mL水洗涤小玻杯并使之流入反应室内,随后塞紧棒状玻塞。将10.0mL氢氧化钠溶液倒入小玻杯,提起玻塞使其缓缓流入反应室,立即将玻塞盖紧,并水封。夹紧螺旋夹,开始蒸馏。蒸馏10min后移动蒸馏液接收瓶,液面离开冷凝管下端后再蒸馏1min。然后用少量水冲洗冷凝管下端外部,取下蒸馏液接收瓶。尽快以盐酸标准溶液滴定至终点,如用A混合指示液,终点颜色为灰蓝色;如用B混合指示液,终点颜色为浅灰红色。

图12-1 定氮蒸馏装置

1—电炉;2—水蒸气发生器(2L烧瓶);3—螺旋夹;4—小玻杯及棒状玻塞;5—反应室;6—反应室外层;7—橡皮管及螺旋夹;8—冷凝管;9—蒸馏液接收瓶

2.自动凯氏定氮仪法

准确称取充分混匀的固体样品0.2~2g、半固体样品2~5g或液体样品10~25g(相当于30~40mg氮)至消化管中,再加入0.4g硫酸铜、6g硫酸钾及20mL浓硫酸于消化炉进行消化。当消化炉温度达到420℃之

23-视频

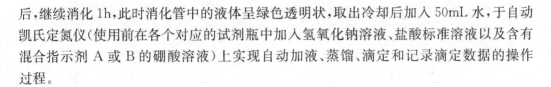

后，继续消化 1h，此时消化管中的液体呈绿色透明状，取出冷却后加入 50mL 水，于自动凯氏定氮仪（使用前在各个对应的试剂瓶中加入氢氧化钠溶液、盐酸标准溶液以及含有混合指示剂 A 或 B 的硼酸溶液）上实现自动加液、蒸馏、滴定和记录滴定数据的操作过程。

（二）空白实验

在测定的同时，按照同样的操作步骤，使用同样的试剂，但不含样品，进行实验。

（三）计算

按式（12-1）计算样品中蛋白质的质量分数。

$$\omega = \frac{(V_1 - V_0) \times c \times 0.0140}{m \times \dfrac{V}{100}} \times F \times 100 \qquad (12-1)$$

式中：ω——样品中蛋白质的质量分数，%；

V_1——样品消耗盐酸标准溶液的体积，mL；

V_0——空白实验消耗盐酸标准溶液的体积，mL；

c——盐酸标准溶液浓度，mol/L；

0.0140——氮的摩尔质量，kg/mol；

m——样品的质量，g；

V——吸取消化液的体积，mL；

100——样品前处理定容体积，mL；

F——氮换算为蛋白质的系数，玉米粉、黄豆粉的换算系数分别为 6.25，5.71，其他食品的换算系数可参见 GB 5009.5—2016 中附录 A。

六、数据记录与处理

将实验数据填入表 12-1 中。

表 12-1　实验数据

测定次数	样品的质量 m/g	样品消耗盐酸标准溶液的体积 V_1/mL	空白实验消耗盐酸标准溶液的体积 V_0/mL	移取消化液的体积 V/mL	蛋白质质量分数	
					计算结果 ω/%	平均值 ω/%
1						
2						

备注：蛋白质质量分数≥1%时，结果保留三位有效数字；蛋白质质量分数<1%时，结果保留两位有效数字。

七、注意事项

1. 消化时，若样品含糖高或含脂量较多，应注意控制加热温度，以免大量泡沫喷出凯氏烧瓶，造成样品损失。可加入少量辛醇或液体石蜡或硅消泡剂，减少泡沫产生。

2.消化时应注意旋转凯氏烧瓶,将附在瓶壁上的炭粒冲下,将样品彻底消化。若样品不易消化至澄清透明,可将凯氏烧瓶中溶液冷却,加入数滴过氧化氢后再继续加热消化至完全。

3.硼酸吸收液的温度不应超过40℃,否则对氨的吸收减弱,造成检测结果偏低,可把接收瓶置于冷水浴中。

4.本方法不适用于添加了无机含氮物质、有机非蛋白质含氮物质的食品测定。

八、相关标准

食品安全国家标准 食品中蛋白质的测定:GB 5009.5—2016。

九、思考题

1.蒸馏时为什么要加入氢氧化钠溶液? 加入量对测定结果有何影响?

2.在水蒸气发生器中加数滴甲基红乙醇溶液及数毫升硫酸的作用是什么? 若在蒸馏过程中才发现水蒸气发生器中的水变为黄色,马上补加硫酸是否可行?

3.请写出盐酸滴定硼酸铵的反应方程式。

实验 13　食品中二氧化硫的测定

一、实验目的

1.掌握食品中二氧化硫的测定原理和方法。
2.掌握食品样品的酸化、蒸馏等前处理操作。

二、实验原理

二氧化硫对食品有漂白和防腐作用,能够达到使产品外观光亮、洁白的效果同时又有护色的作用,因此广泛地应用在食品中。

测定食品中二氧化硫,需在密闭容器中对样品进行酸化、蒸馏,蒸馏物用乙酸铅溶液吸收,生成亚硫酸铅沉淀。吸收后的溶液加盐酸酸化,使用碘标准溶液进行滴定,根据所消耗的碘标准溶液量计算出样品中二氧化硫含量。实验涉及的反应如下:

$$SO_2 + (CH_3COO)_2Pb + H_2O \rightleftharpoons PbSO_3 \downarrow + 2CH_3COOH$$

$$PbSO_3 + 2H^+ \rightleftharpoons Pb^{2+} + H_2SO_3$$

$$H_2SO_3 + I_2 + H_2O \rightleftharpoons SO_4^{2-} + 2I^- + 4H^+$$

三、预习要求

食品中二氧化硫含量测定的原理,滴定终点的判断及注意事项。

四、仪器和试剂

1. 仪器:圆底蒸馏烧瓶(500mL),酸式滴定管(25mL 或 50mL),剪切式粉碎机,碘量瓶(250mL),一般实验室常用仪器和设备。

2. 试剂:去离子水或蒸馏水;浓盐酸;盐酸溶液(1＋1);硫酸溶液(1＋9);淀粉指示液(10g/L);乙酸铅溶液(20g/L);重铬酸钾(基准试剂);硫代硫酸钠标准溶液($c≈0.1$ mol/L),使用前需用重铬酸钾标准溶液标定;碘标准溶液($c≈0.05$mol/L),使用前用硫代硫酸钠标准溶液标定。

3. 材料:果脯、干菜、米粉类、粉条和食用菌等食品。

五、实验内容

(一)碘标准溶液浓度的标定

移取 25.00mL 碘标准溶液于 250mL 碘量瓶中,加 100mL 蒸馏水稀释,用已标定好的硫代硫酸钠标准溶液滴定至呈浅黄色,加入 2mL 淀粉溶液,继续滴定至蓝色刚好消失,即为终点,记录消耗的硫代硫酸钠标准溶液体积,从而计算碘标准溶液的浓度 c。

24-视频

(二)样品制备

取适量果脯、干菜、米粉类、粉条和食用菌剪成小块,再用剪切式粉碎机剪碎,搅拌均匀,备用。

(三)样品蒸馏

准确称取 5g 均匀样品双份(取样量可视二氧化硫含量高低而定,液体样品可直接吸取5.00～10.00mL 样品),置于圆底蒸馏烧瓶中,加入 250mL 水,装上冷凝装置,冷凝管下端插入装有 25mL 乙酸铅吸收液的碘量瓶的液面下,然后在蒸馏瓶中加入 10mL 盐酸溶液(1＋1),立即盖塞,加热蒸馏。当蒸馏液约 200mL 时,使冷凝管下端离开液面,再蒸馏 1min,用少量蒸馏水冲洗插入乙酸铅溶液的装置部分。

(四)测定

1. 样品滴定:向取下的碘量瓶中依次加入 10mL 浓盐酸、1mL 淀粉指示液,摇匀之后用碘标准溶液滴定至溶液颜色变蓝且 30s 内不褪色为止,记录消耗的碘标准溶液体积 V。

2. 空白实验:在测定的同时,使用同样的操作步骤、同样的试剂,但不含样品,进行实验,记录消耗的碘标准溶液体积 V_0。

(五)计算

按式(13-1)计算样品中二氧化硫的质量比或质量浓度。

$$\omega = \frac{(V-V_0) \times 0.064 \times c \times 1000}{m} \qquad (13-1)$$

式中：ω——样品中二氧化硫质量比或质量浓度（以 SO_2 计），g/kg 或 g/L；

　　　V——滴定样品消耗的碘标准溶液体积，mL；

　　　V_0——空白实验消耗的碘标准溶液体积，mL；

　　　0.064——二氧化硫的摩尔质量，kg/mol；

　　　c——碘标准溶液浓度，mol/L；

　　　m——样品质量或体积，g 或 mL。

六、数据记录与处理

（一）碘标准溶液的标定

自行设计表格并进行计算。

（二）将样品测定数据填入表 13-1 中

表 13-1　样品测定数据

测定次数	样品量 m/g 或 mL	样品消耗碘标准溶液体积 V/mL	空白实验消耗碘标准溶液体积 V_0/mL	碘标准溶液浓度 c/(mol/L)	样品中二氧化硫质量比或质量浓度	
					计算结果 ω/(g/kg 或 g/L)	平均值 $\overline{\omega}$/(g/kg 或 g/L)
1						
2						

备注：当结果≥1g/kg（或 1g/L）时，保留三位有效数字；当结果<1g/kg（或 1g/L）时，保留两位有效数字。

七、相关标准

食品安全国家标准 食品中二氧化硫的测定：GB 5009.34—2016。

八、注意事项

1. 加酸后，应立即密闭容器以免反应产生的 SO_2 释放到空气中造成检测结果偏低。
2. 确保冷凝管下端插入乙酸铅吸收液内。
3. 碘标准溶液要在使用前标定，标定好后不可放置太久。

九、思考题

1. 判断滴定终点时应注意什么？
2. 若遇到有颜色的样品对滴定终点判断有影响时，如何处理？
3. 样品蒸馏时如何保证二氧化硫的有效收集？

实验 14　食品中亚硝酸盐的测定
——分光光度法

一、实验目的

1. 掌握比色法测定食品中亚硝酸盐的原理与方法。
2. 掌握分光光度计结构、原理和基本使用方法。

二、实验原理

样品经沉淀蛋白质、除去脂肪后,在弱酸条件下,亚硝酸盐与对氨基苯磺酸重氮化,再与盐酸萘乙二胺偶合形成紫红色染料,于波长 538nm 处测定其吸光度,外标法定量测得亚硝酸盐含量。

三、预习要求

分光光度计的原理和操作方法;亚硝酸盐形成紫红色染料的反应原理。

四、仪器和试剂

1. 仪器:组织捣碎机,分光光度计,一般实验室常用仪器和设备。
2. 试剂:亚铁氰化钾溶液(106g/L);乙酸锌溶液(220g/L);饱和硼砂溶液(50g/L);亚硝酸钠标准溶液(200μg/mL,以亚硝酸钠计);亚硝酸钠标准使用液(5.0μg/mL);对氨基苯磺酸溶液(4g/L);盐酸萘乙二胺溶液(2g/L);
3. 材料:腌菜。

五、实验内容

(一)样品的前处理

样品用组织捣碎机制成匀浆,备用。

25-视频

(二)提取

准确称取双份 5g 匀浆样品,置于 250mL 具塞锥形瓶中,加 12.5mL 饱和硼砂溶液,加入 70℃ 左右的水约 150mL,混匀,于沸水浴中加热 15min,取出置冷水浴中冷却,并放置至室温。定量转移上述提取液至 250mL 容量瓶中,加入 5mL 亚铁氰化钾溶液,摇匀,再加入 5mL 乙酸锌溶液,以沉淀蛋白质。加水至刻度,摇匀,放置 30min,除去上层脂肪,上清液用滤纸过滤,弃去初滤液 30mL,滤液备用。

（三）测定

1. 亚硝酸盐的测定：吸取 40.0mL 上述滤液于 50mL 具塞比色管中作为样品测定，另吸取 0,0.20,0.40,0.60,0.80,1.00,1.50,2.00,2.50mL 亚硝酸钠标准使用液，分别置于 50mL 具塞比色管中作为标准溶液，相当于质量浓度为 0,0.02,0.04,0.06,0.08,0.10,0.15,0.20,0.25mg/L 亚硝酸钠溶液。于样品管和标准溶液管中分别加入 2mL 对氨基苯磺酸溶液，混匀，静置 3～5min 后各加入 1mL 盐酸萘乙二胺溶液，加水至刻度，混匀，静置 15min，用 1cm 比色皿，以零浓度管调节零点，于波长 538nm 处测吸光度。以标准溶液的浓度和吸光度绘制标准曲线，并计算样品的含量。

2. 空白实验：在测定的同时，使用同样的步骤、同样的试剂，但不含样品，进行实验，依据标准曲线计算空白实验对应的亚硝酸钠浓度。

（四）计算

按式（14-1）计算亚硝酸盐（以亚硝酸钠计）的质量比，结果保留两位有效数字。

$$\omega = \frac{(\rho - \rho_0) \times 1.25 \times V}{m} \qquad (14-1)$$

式中：ω——样品中亚硝酸钠的质量比，mg/kg；

ρ——根据分光光度法标准曲线计算得到的样品溶液中亚硝酸钠质量浓度，mg/L；

ρ_0——根据分光光度法标准曲线计算得到的空白实验中亚硝酸钠质量浓度，mg/L；

m——样品质量，g；

V——样品处理液总体积，mL。

六、数据记录与处理

将实验数据填入表 14-1 中。

表 14-1　实验数据

测定次数	样品质量 m/g	样品溶液中亚硝酸钠质量浓度 ρ/(mg/L)	空白实验中亚硝酸钠质量浓度 ρ_0/(mg/L)	样品处理液总体积 V/mL	亚硝酸盐质量比（以亚硝酸钠计）	
					计算结果 ω/(mg/kg)	平均值 $\overline{\omega}$/(mg/kg)
1						
2						

七、注意事项

1. 盐酸萘乙二胺有致癌作用，使用时注意安全。

2. 显色后稳定性与室温有关，一般显色温度为 15～30℃时，在 20～30min 内比色为好。

3. 当亚硝酸盐含量较高时，过量的亚硝酸盐可以将偶氮化合物氧化变成黄色，而使红色消失，这时可以采取先加入试剂，然后滴加样品，从而避免亚硝酸盐过量。

八、相关标准

食品安全国家标准 食品中亚硝酸盐与硝酸盐的测定：GB 5009.33—2016。

九、思考题

1. 影响实验结果准确性的因素有哪些？
2. 请列出亚硝酸盐分光光度法测定的反应方程式。

实验 15　食品中合成着色剂的测定

一、实验目的

1. 掌握食品中合成着色剂的测定原理。
2. 了解高效液相色谱的工作原理及操作方法。

二、实验原理

食品中人工合成着色剂主要有柠檬黄、日落黄、胭脂红、苋菜红、亮蓝、新红、赤藓红等，可用聚酰胺吸附法或液-液分配法提取，制成水溶液，注入高效液相色谱仪，经反相色谱分离，根据保留时间定性，用峰高或峰面积定量。

三、预习要求

液相色谱仪的操作技术，着色剂的测定原理，多种着色剂的定性、定量分析方法。

四、仪器和试剂

1. 仪器：高效液相色谱仪，带二极管阵列或紫外检测器，C18 液相色谱柱（250mm× 4.6mm×5μm）或其他等效柱；分析天平；恒温水浴箱；G3 垂融漏斗；一般实验室常用仪器和设备。

2. 试剂：乙酸铵溶液（0.02mol/L）；氨水溶液（2%）；甲醇-甲酸混合溶液（6+4）；柠檬酸溶液（200g/L）；乙醇-氨水-水混合溶液（7+2+1）；三正辛胺-正丁醇溶液（5%）；饱和硫酸钠溶液；pH＝4、pH＝6 的水（用柠檬酸调节）；冰醋酸（CH_3COOH）；聚酰胺粉（尼龙 6）：过 200 目筛；合成着色剂标准贮备液（1000mg/L）；合成着色剂标准使用液（500 μg/mL，临用前现配，经 0.45μm 微孔滤膜过滤）。

3. 材料：软糖等含有合成着色剂的食品。

五、实验内容

(一)样品制备

准确称取双份 5～10g 粉碎样品,放入 100mL 小烧杯中,加水 30mL,温热溶解,若样品溶液 pH 较高,用柠檬酸溶液调 pH 到 6 左右。

(二)色素提取

1. 聚酰胺吸附法:样品溶液加柠檬酸溶液调 pH 到 6,加热至 60℃,将 1g 聚酰胺粉加少许水调成粥状,倒入样品溶液中,搅拌片刻,以 G3 垂融漏斗抽滤,用 60℃ pH 为 4 的水洗涤 3～5 次,然后用甲醇-甲酸混合溶液洗涤 3～5 次(含赤藓红的样品用液-液分配法处理),再用水洗至中性。然后用乙醇-氨水-水混合溶液解吸 3～5 次,直至色素完全解吸,收集解吸液,加冰醋酸中和,蒸发至近干,加水溶解,定容至 5mL。溶液经 0.45μm 微孔滤膜过滤,进高效液相色谱仪分析。

2. 液-液分配法(适用于含赤藓红的样品):将制备好的样品溶液放入分液漏斗中,加 2mL 盐酸、10～20mL 三正辛胺-正丁醇溶液,振摇提取,分取有机相,重复提取,直至有机相无色,合并有机相。得到的有机相溶液用饱和硫酸钠溶液洗 2 次,每次 10mL,弃水相,保留有机相,放入蒸发皿中,水浴加热浓缩至 10mL,转移至分液漏斗中。于上述溶液中加 10mL 正己烷,混匀,加氨水溶液提取 2～3 次,每次 5mL,收集氨水溶液层(含水溶性酸性色素),用正己烷洗氨水溶液层 2 次,弃正己烷层。将得到的氨水层加冰醋酸调成中性,水浴加热蒸发至近干,加水定容至 5mL。溶液经 0.45μm 微孔滤膜过滤,进高效液相色谱仪分析。

(三)测定

1. 仪器参考条件:进样量 10μL;柱温 35℃;流速 1.0mL/min;二极管阵列检测器波长范围 400～800nm,或紫外检测器检测波长 254nm。

梯度洗脱参数见表 15-1。

表 15-1 梯度洗脱参数

时间/min	0.02mol/L 乙酸铵溶液体积比/%	甲醇体积比/%
0	95	5
3	65	35
7	0	100
10	0	100
10.1	95	5
21	95	5

2.标准曲线的制作:配制合适的五个标准溶液浓度(建议配制质量浓度从 1.0mg/L 至 100mg/L),按照上述液相色谱条件进样,保留时间定性,峰高或峰面积定量,绘制标准曲线。

3.空白实验:在测定的同时,使用同样的操作步骤、同样的试剂,但不含样品进行实验,并依据标准曲线计算空白实验对应的着色剂浓度。

4.上机测定:将样品提取液和实验空白溶液分别注入高效液相色谱仪,根据保留时间定性,外标法定量。

(四)计算

按式(15-1)计算样品中着色剂 i 的质量分数,结果保留两位有效数字。

$$\omega_i = \frac{(\rho_i - \rho_{i0}) \times V \times 100}{m \times 1000 \times 1000} \tag{15-1}$$

式中:ω_i——样品中着色剂 i 的质量分数,%;

ρ_i——进样液中着色剂 i 的质量浓度,mg/L;

ρ_{i0}——空白实验中着色剂 i 的质量浓度,mg/L;

V——样品定容体积,mL;

m——样品质量,g。

六、数据记录与处理

(一)将标准溶液的测定数据填入表 15-2 中

表 15-2　标准溶液测定数据

序号	1	2	3	4	5	6
标准溶液中 i 组分的质量浓度/(mg/L)						
峰高或峰面积						
i 组分标准曲线参数	$y=ax+b,a=$		,$b=$		,$r=$	

(二)将样品测定数据填入表 15-3 中

表 15-3　样品测定数据

项目	称样量 m/g	定容体积 V/mL	进样液中着色剂 i 的质量浓度 ρ_i/(mg/L)	空白实验中着色剂 i 的质量浓度 ρ_{i0}/(mg/L)	着色剂 i 的质量分数	
					计算结果 ω_i/%	平均值 $\overline{\omega_i}$/%
柠檬黄						
日落黄						

续表

项目	称样量 m/g	定容体积 V/mL	进样液中着色剂 i 的质量浓度 $\rho_i/(mg/L)$	空白实验中着色剂 i 的质量浓度 $\rho_{i0}/(mg/L)$	着色剂 i 的质量分数 计算结果 $\omega_i/\%$	平均值 $\overline{\omega_i}/\%$
胭脂红						
苋菜红						
亮蓝						
新红						
赤藓红						

七、相关标准

食品安全国家标准 食品中合成着色剂的测定:GB 5009.35—2016。

八、思考题

1.什么是梯度洗脱? 它与气相色谱中的程序升温有何异同?

2.用聚酰胺粉提取色素时,用柠檬酸调整样品试液的 pH 到 6 的目的是什么? 如何解析被聚酰胺粉吸附的色素?

附录 着色剂标准色谱图(图 15-1)

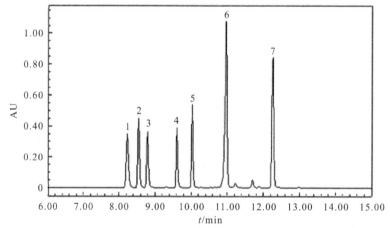

图 15-1 着色剂标准色谱图(400～800nm 最大值图)

说明:1.柠檬黄;2.新红;3.苋菜红;4.胭脂红;5.日落黄;6.亮蓝;7.赤藓红。

实验 16　饮料中苯甲酸、山梨酸和糖精钠的测定

一、实验目的

1. 掌握高效液相色谱(HPLC)测定饮料中苯甲酸、山梨酸和糖精钠的原理与方法。
2. 了解 HPLC 的结构和操作方法。

二、实验原理

饮料中苯甲酸、山梨酸、糖精钠用水提取,如为高蛋白样品则需加蛋白沉淀剂分离去除干扰蛋白,采用液相色谱分离,紫外(UV)检测器检测,外标法定量。

三、预习要求

UV 检测器的工作原理及应用范围,饮料中苯甲酸等的前处理要求。

四、仪器和试剂

1. 仪器:水相微孔滤膜(0.22μm);塑料离心管(50mL);高效液相色谱仪,配紫外检测器、C18 液相色谱柱(250mm×4.6mm×5μm)或其他等效柱;分析天平;涡旋振荡器;离心机(转速>8000r/min);匀浆机;恒温水浴箱;超声波发生器;一般实验室常用仪器和设备。

2. 试剂:氨水溶液(1+99);亚铁氰化钾溶液(92g/L);乙酸锌溶液(183g/L);乙酸铵溶液(20mmol/L);甲酸-乙酸铵溶液(2mmol/L 甲酸+20mmol/L 乙酸铵);苯甲酸、山梨酸和糖精钠(以糖精计)标准贮备溶液(1000mg/L);苯甲酸、山梨酸和糖精钠(以糖精计)混合标准中间溶液(200mg/L)。

注:糖精钠含结晶水,使用前需在 120℃烘 4h,干燥器中冷却至室温后备用。

3. 材料:市售饮料。

五、实验内容

(一)样品前处理

准确称取双份混合均匀的样品约 2g 于 50mL 具塞离心管中,加水约 25mL,涡旋混匀,于 50℃水浴超声 20min。冷却至室温后加亚铁氰化钾溶液 2mL 和乙酸锌溶液 2mL,混匀后于 8000r/min 离心 5min,将水相转移至 50mL 容量瓶中。于残渣中加水 20mL,涡旋混匀后超声 5min,于 8000r/min 离心 5min,将水相转移到同一 50mL 容量瓶中,并用水定容至

26-视频

刻度,混匀。取适量上清液过 $0.22\mu m$ 滤膜,待液相色谱测定。

注:碳酸饮料、果汁等测定时可以不加蛋白沉淀剂,直接用水定容过滤待测。

(二)测定

1.仪器参考条件:流动相为甲醇-乙酸铵溶液(5+95);流速 1.0mL/min;检测波长 230nm;进样量 $10\mu L$。当存在干扰峰或需要辅助定性时,可以采用加入甲酸的流动相来测定。

2.标准曲线的制作:分别准确吸取苯甲酸、山梨酸和糖精钠混合标准中间溶液 0,0.05,0.25,0.50,1.00,2.50,5.00,10.0mL,用水定容至 10mL,配制成质量浓度分别为 0,1.00,5.00,10.0,20.0,50.0,100,200mg/L 的混合标准系列工作溶液,临用现配。将混合标准系列工作溶液分别注入液相色谱仪中,测定相应的峰面积,以混合标准系列工作溶液的质量浓度为横坐标,以峰高或峰面积为纵坐标,绘制标准曲线。

3.空白实验:在测定的同时,使用同样的操作步骤、同样的试剂,但不含样品进行实验,依据标准曲线计算空白实验对应苯甲酸、山梨酸和糖精钠的浓度。

4.样品溶液的测定:将样品溶液注入液相色谱仪中,得到峰高或峰面积,根据标准曲线得到待测液中苯甲酸、山梨酸和糖精钠的质量浓度。

(三)计算

按式(16-1)计算样品中苯甲酸、山梨酸和糖精钠的质量分数,结果保留三位有效数字。

$$\omega_i = \frac{(\rho_i - \rho_{i0}) \times V \times 100}{m \times 1000 \times 1000} \qquad (16-1)$$

式中:ω_i——样品中待测 i 组分质量分数,%;

ρ_i——由标准曲线得出的样品溶液中待测组分 i 的质量浓度,mg/L;

ρ_{i0}——空白实验中待测物的质量浓度,mg/L;

V——样品定容体积,mL;

m——样品质量,g。

六、数据记录与处理

(一)将标准溶液测定数据填入表 16-1 中

表 16-1 标准溶液测定数据

序号	1	2	3	4	5	6
标准溶液中 i 组分的质量浓度/(mg/L)						
峰高或峰面积						
i 组分标准曲线参数		$y=ax+b,a=$		$,b=$		$,r=$

（二）将样品测定数据填入表 16-2 中

表 16-2　样品测定数据

项目	称样量 m/g	定容体积 V/mL	样品中 i 组分质量浓度 ρ_i/(mg/L)	空白实验中 i 组分质量浓度 ρ_{i0}/(mg/L)	i 组分质量分数	
					计算结果 ω_i/%	平均值 $\bar{\omega}_i$/%
苯甲酸						
山梨酸						
糖精钠（以糖精计）						

七、注意事项

1. 溶液的 pH 对测定和色谱柱使用寿命均有影响，pH 小于 2 或大于 8 时对目标物的相对保留时间有影响，并且对柱有侵蚀作用，因此分析条件以中性为宜。

2. 标准曲线的线性范围建议根据待测样品溶液中待测组分的含量而定，尽量使样品溶液中待测组分的含量处于标准曲线的中间位置，以最大限度地降低标准曲线拟合引入的检测结果的不确定性。

八、相关标准

食品安全国家标准　食品中苯甲酸、山梨酸和糖精钠的测定：GB 5009.28—2016。

九、思考题

1. 苯甲酸、山梨酸除用液相色谱法进行检测外，还可以用什么方法检测？

2. 色谱法测定苯甲酸、山梨酸时，若遇到离心后样品仍然浑浊，可采取什么办法解决？

3. 样品提取中加入亚铁氰化钾溶液、乙酸锌溶液的作用是什么？

实验 17　蔬菜中有机磷农药残留量的测定

一、实验目的

1. 掌握测定蔬菜中有机磷农药残留量的原理。
2. 熟练掌握气相色谱仪的使用方法及火焰光度检测器的原理。

二、实验原理

样品用乙腈提取,提取液经固相萃取或分散固相萃取净化,使用带火焰光度检测器(FPD)的气相色谱仪检测,根据色谱峰的保留时间定性,外标法定量。

三、预习要求

气相色谱柱分离物质的原理,固相萃取等前处理的原理和操作。

四、仪器和试剂

1. 仪器:组织捣碎机;气相色谱仪(配 FPD);HP-5 气相色谱柱($30m \times 0.32mm \times 0.25\mu m$)或其他等效柱;分析天平;高速匀浆机(转速不低于 15000r/min);可控温的氮吹仪;微孔滤膜(有机相,$0.22\mu m$);一般实验室常用仪器和设备。

2. 试剂:丙酮(色谱纯);乙腈(色谱纯);氯化钠(分析纯);有机磷标准品(敌敌畏、乙酰甲胺磷、乐果、甲基对硫磷、毒死蜱、三唑磷、倍硫磷、灭菌磷 8 种)。

3. 材料:新鲜蔬菜。

五、实验内容

(一)样品的制备

蔬菜切碎直接放入组织捣碎机中捣碎成匀浆,放入聚乙烯瓶中。于 $-20 \sim -16$℃ 条件下保存,对同一样品进行平行实验。

(二)提取和净化

称取约 20g 样品,置于 300mL 烧杯中,加入 40mL 乙腈,用高速匀浆机 15000r/min 匀浆 2min,提取液过滤至装有 $5 \sim 7g$ 氯化钠的 100mL 具塞量筒或刻度离心管中,盖上塞子,剧烈振荡 1min,在室温下静置 30min。准确吸取 10mL 上清液于刻度离心管中,80℃ 水浴中氮吹蒸发至近干,加入 2mL 丙酮溶解残余物,盖上铝箔,备用。将上述备用液完全转移至 15mL 刻度离心管中,再约 3mL 丙酮分 3 次冲洗烧杯,并转移至离心管,最后定容至 5.0mL,涡旋 0.5min,用微孔滤膜过滤,待测。

（三）测定

1.仪器参考条件：载气为氮气，1.0mL/min；检测器是 FPD；气体流量：氢气 100 mL/min、空气 100mL/min；程序升温模式：初始温度 70℃（保持 5min），以 20℃/min 升至 280℃（保持 20min）；进样口 230℃，检测器 250℃。

2.标准曲线的制作：将混合标准中间溶液用丙酮稀释成质量浓度为 0.005，0.01，0.05，0.1 和 1mg/L 的系列标准溶液，吸取 1.0μL，按照上述仪器条件进样分析，以保留时间定性，用待测物浓度和峰面积或峰高制作标准曲线。

3.空白实验：在测定的同时，使用同样的操作步骤、同样的试剂，但不含样品进行实验，依据标准曲线计算空白实验对应有机磷农药的浓度。

4.样品测定：吸取 1.0μL 样品净化液注入气相色谱仪中，根据标准曲线进行定量分析。

（四）计算

按式（17-1）计算样品中有机磷农药 i 组分的质量比，结果保留三位有效数字。

$$\omega_i = \frac{(\rho_i - \rho_{i0}) \times V_1 \times V_3}{m \times V_2} \qquad (17-1)$$

式中：ω_i——样品中有机磷农药 i 组分质量比，mg/kg；

ρ_i——由标准曲线计算出定容样液中有机磷农药 i 组分的质量浓度，mg/L；

ρ_{i0}——空白实验中待测物的质量浓度，mg/L；

m——样品质量，g；

V_1——提取溶液总体积，mL；

V_2——提取液分取体积，mL；

V_3——样品的最后定容体积，mL。

六、数据记录与处理

请自行设计数据记录表格，并进行计算。

七、注意事项

1.光焰光度检测器对含磷化合物具有高选择性和高灵敏度，有机磷农药检测限是碳氢化合物的 1/1000，因此，排除了大量溶剂和其他碳氢化合物的干扰，有利于痕量含磷化合物的分析。

2.提取净化时，乙腈和丙酮均有一定的毒性，应注意防护。

八、相关标准

[1]食品中有机磷农药残留量的测定：GB/T 5009.20—2003。

[2]食品安全国家标准 植物源性食品中 90 种有机磷类农药及其代谢物残留量的测定 气相色谱法：GB 23200.116—2019。

九、思考题

1. 火焰光度检测器的原理是什么？
2. 提取过滤蔬菜样品时，加入 5～7g 氯化钠的作用是什么？

27-文档

实验 18 食品中多元素的测定
——电感耦合等离子体发射光谱法

一、实验目的

1. 了解电感耦合等离子体发射光谱法（ICP－OES）测定多元素含量的原理。
2. 掌握微波消解法和高压密闭消解法的样品前处理技术。

二、实验原理

电感耦合等离子体发射光谱仪（ICP－OES）是以电感耦合等离子体作为离子源，使得溶液中原子或者离子被激发，然后处于激发态的待测元素原子回到基态时发射出特征的电磁辐射，通过对特征信号强度的检测而对元素进行定性和定量分析。

样品经酸消解处理后经雾化由载气送入电感耦合等离子体炬管中，经过蒸发、解离、原子化和激发等过程，由发射光谱仪测定，以元素的特征谱线波长定性，待测元素谱线信号强度与元素浓度成正比进行定量分析。方法适用于食品中铝、硼、钡、钙、铜、铁、钾、镁、锰、钠、镍、磷、锶、钛、钒、锌等元素的测定。

三、预习要求

电感耦合等离子体发射光谱仪的结构及原理，食品中重金属元素前处理操作技术。

四、仪器和试剂

1. 仪器：电感耦合等离子体发射光谱仪；微波消解仪；压力消解罐；恒温干燥箱（50～300℃）；控温电热板（50～200℃）；超声水浴箱；分析天平；一般实验室常用仪器和设备。

注：玻璃器皿及聚四氟乙烯消解内罐均需以硝酸溶液（1＋4）浸泡 24h，用水反复冲洗，最后用去离子水冲洗干净。

2. 试剂：实验用水为去离子水或蒸馏水；氩气（纯度≥99.995％）；质谱调谐液（10ng/mL）；硝酸溶液（5＋95，1＋4）；硝酸-高氯酸混合酸（10＋1）；元素贮备液（1000mg/L 或 100mg/L）；内标元素贮备液（1000mg/L）；硝酸（优级纯）。

3. 材料：粮食、豆类、蔬菜、水果等食品。

五、实验内容

(一)样品制备

粮食、豆类等样品去杂物后粉碎均匀,装入洁净聚乙烯瓶中,密封保存备用。蔬菜、水果、鱼类、肉类及蛋类等新鲜样品,洗净晾干,取可食部分匀浆,装入洁净聚乙烯瓶中,密封,于 4℃冰箱冷藏备用。在采样和制备过程中应注意避免样品污染。

28-视频

(二)样品消解

1. 微波消解法:蔬菜、水果等含水分高的样品,准确称取 2.0～4.0g;粮食、肉类、鱼类等样品,准确称取 0.2～0.5g;液体样品,准确移取 1.00～3.00mL(含乙醇或二氧化碳的样品先在电热板上低温加热以除去乙醇或二氧化碳)。以上样品置于消解罐中,加入 5～10mL 硝酸,加盖放置 1h 或过夜,盖好安全阀,将消解罐放入微波消解系统中,设置适宜的微波消解程序(见表 18-1),按相关步骤进行消解。冷却后取出,缓慢打开罐盖排气,用少量水冲洗内盖,将消解罐放在控温电热板上或超声水浴箱中,于 100℃加热 30min 或超声脱气 2～5min,消解完全后赶酸。将消解液转移至 25mL 容量瓶或比色管中,用少量水洗涤内罐 3 次,合并洗涤液并定容至刻度,混匀,得到样品消解液。

2. 高压密闭消解法:准确称取固体样品 0.20～1.0g,湿样 1.0～5.0g 或准确移取液体样品 2.00～5.00mL(含乙醇或二氧化碳的样品先在电热板上低温加热以除去乙醇或二氧化碳)。以上样品置于消解内罐中,加入 5mL 硝酸,放置 1h 或浸泡过夜。盖好内盖,旋紧不锈钢外套,放入恒温干燥箱(设置条件见表 18-1 中的压力罐消解部分),150～170℃保持 4h,自然冷却至室温,然后缓慢旋松不锈钢外套,将消解内罐取出,用少量水冲洗内盖,将消解罐放在控温电热板上或超声水浴箱中,于 100℃加热 30min 或超声脱气 2～5min,消解完全后赶酸。将消解液转移至 25mL 容量瓶或比色管中,用少量水洗涤内罐 3 次,合并洗涤液并定容至刻度,混匀,得到样品消解液。

表 18-1　样品消解参考条件

消解方式	步骤	控制温度/℃	升温时间/min	保持时间
微波消解	1	120	5	5min
	2	150	5	10min
	3	190	5	20min
压力罐消解	1	80	—	2h
	2	120	—	2h
	3	150～170	—	4h

(三)测定

1. 仪器参考条件:观测方式为垂直观测,若仪器具有双向观测方式,对高浓度元素,如钾、钠、钙、镁等元素采用垂直观测方式,其余元素采用水平观测方式;功率1150W;等离子气流量 15L/min,辅助气流量 0.5L/min,雾化气流量 0.65L/min;分析泵速 50r/min。

推荐的待测元素分析谱线参考表18-2。

表18-2 推荐的待测元素分析谱线

序号	元素	分析谱线波长/nm	序号	元素	分析谱线波长/nm
1	Al	396.15	9	Mn	257.6,259.3
2	B	249.6,249.7	10	Na	589.59
3	Ba	455.4	11	Ni	231.6
4	Ca	315.8,317.9	12	P	213.6
5	Cu	324.75	13	Sr	407.7,421.5
6	Fe	239.5,259.9	14	Ti	323.4
7	K	766.49	15	V	292.4
8	Mg	279.079	16	Zn	206.2,213.8

2. 标准曲线的绘制:吸取适量单元素标准贮备液或多元素混合标准贮备液,用硝酸溶液(5+95)逐级稀释配制成混合标准工作溶液系列,参考质量浓度可见表18-3。将标准工作溶液注入电感耦合等离子体发射光谱仪中,测定待测元素分析谱线的强度信号响应值,以待测元素浓度为横坐标,其分析谱线强度响应值为纵坐标,绘制标准曲线。

表18-3 标准工作溶液系列质量浓度

序号	元素	标准工作溶液系列质量浓度/(mg/L)					
		系列1	系列2	系列3	系列4	系列5	系列6
1	Mg、K、Ca、Na、P	0	5.0	20.0	50.0	80.0	100
2	Al	0	0.5	2.0	5.0	8.0	10.0
3	B、Ba、Sr、Ti	0	0.05	0.20	0.50	0.80	1.00
4	Fe、Ni、Zn	0	0.25	1.00	2.50	4.00	5.00
5	Cu、Mn、V	0	0.025	0.100	0.250	0.400	0.500

3.空白实验和样品溶液的测定：在测定的同时，按照同样的前处理步骤、使用同样的试剂，但不含样品，得到空白实验消解液。在相同分析条件下，将空白实验、样品消解液分别引入仪器进行测定，根据回归方程计算出空白实验和样品消解液中各元素的质量浓度。

（四）计算

按式(18−1)计算样品中 i 元素质量比或质量浓度。

$$\omega_i = \frac{(\rho_i - \rho_{i0}) \times V}{m}$$ (18−1)

式中：ω_i——样品中 i 元素的质量比或质量浓度，mg/kg 或 mg/L；

ρ_i——样品消解液中 i 元素的质量浓度，mg/L；

ρ_{i0}——空白实验消解液中 i 元素的质量浓度，mg/L；

V——样品消解液总体积，mL；

m——样品质量或体积，g 或 mL。

六、数据记录与处理

请自行设计表格，并进行计算。

七、注意事项

1.所用玻璃仪器使用前需在 20％硝酸中浸泡 24h 以上。

2.清洗微波消解仪内罐和内插罐时，禁用毛刷，可用棉棒擦拭，外罐要注意防酸腐蚀。

3.制样罐内的样品、试剂和溶剂总体积不能超过内杯容积的 30％。

4.压力消解罐内部及衬垫部位要保持清洁，以避免污染样品。

八、相关标准

食品安全国家标准 食品中多元素的测定：GB 5009.268—2016。

九、思考题

1.电感耦合等离子体焰炬的温度分布情况是怎样的？

2.电感耦合等离子体发射光谱仪由哪几部分组成？

3.若发现样品消解不完全，可通过哪些方法进行处理？

实验 19　饮料中环己基氨基磺酸钠(甜蜜素)的测定——气相色谱法

一、实验目的

1. 掌握食品中甜蜜素的气相色谱测定方法。
2. 了解气相色谱仪的构造、测定原理和使用方法,学会使用外标法进行定量计算。

二、实验原理

用水提取食品中的环己基氨基磺酸钠,在硫酸介质中环己基氨基磺酸钠与亚硝酸反应,衍生成环己醇亚硝酸酯,利用气相色谱氢火焰离子化检测器进行分离与分析,保留时间定性,外标法定量。

29-PPT

三、预习要求

气相色谱仪的基本结构和测定原理,甜蜜素的衍生化前处理方法。

四、仪器和试剂

1. 仪器:气相色谱仪,配有氢火焰离子化检测器(FID),VF-5 气相色谱柱(30m×0.53mm×1.0μm)或其他等效柱;涡旋混合器;超声波振荡器;样品粉碎机;10μL 微量注射器;恒温水浴箱;分析天平;一般实验室常用仪器和设备。

2. 试剂:去离子水或蒸馏水;正庚烷(色谱纯);氢氧化钠溶液(40g/L);硫酸溶液(200g/L);亚硝酸钠溶液(50g/L);环己基氨基磺酸标准使用液(1000mg/L),由环己基氨基磺酸钠溶解于水配制而成,两者换算系数为 0.8909。

3. 材料:市售饮料(非碳酸型)。

五、实验内容

(一)样品溶液的制备及衍生化

称取双份样品 25.0g 于 50mL 离心管中,加水定容至 50mL,备用。准确移取样品溶液 10.0mL 于 50mL 带盖离心管中。离心管置试管架上冰浴,5min 后准确加入 5.00mL 正庚烷,加入 2.5mL 亚硝酸钠溶液,2.5mL 硫酸溶液,盖紧离心管盖,摇匀,在冰浴中放置 30min,其间振摇 3～5 次;加入 2.5g 氯化钠,盖上盖后置涡旋混合器上振动 1min(或振摇 60～80 次),低温静置 20min 至澄清分层,取上清液置 1～4℃冰箱冷藏保存以备进样用。

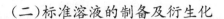

(二)标准溶液的制备及衍生化

准确移取 1000mg/L 环己基氨基磺酸标准溶液 0.50,1.00,2.50,5.00,10.0,25.0mL 于 50mL 容量瓶中,加水定容,配成质量浓度分别为 10,20,50,100,200,500mg/L 的标准溶液。临用时配制以备衍生化用。准确移取标准溶液 10.0mL,同上述样品衍生化步骤进行标准溶液的衍生化处理。

(三)测定

1.仪器参考条件:柱温升温程序,初温 55℃保持 3min,10℃/min 升温至 90℃,保持 0.5min,20℃/min 升温至 200℃,保持 3min。进样口温度 230℃;进样量 1.0μL,分流比 5:1;检测器温度 260℃;载气(高纯氮气)流量 12.0mL/min;尾吹 20mL/min,氢气流量 30mL/min,空气流量 330mL/min。以上色谱条件为参考条件,不同仪器会有所不同,应根据实际进行调整。

2.色谱分析:分别吸取 1.0μL 经衍生化处理的标准系列各浓度溶液上清液,注入气相色谱仪中,可测得不同浓度被测物的峰面积响应值,以浓度为横坐标,以环己醇亚硝酸酯和环己醇两峰面积之和为纵坐标,绘制标准曲线。

在完全相同的条件下进样 1μL 空白实验溶液、经衍生化处理的样品待测上清液,保留时间定性,测得峰面积,根据标准曲线得到空白实验和样品待测上清液中各组分浓度;样品上清液响应值若超出线性范围,应用正庚烷稀释后再进样分析。平行测定次数不少于两次。

(四)计算

按式(19-1)计算样品中环己基氨基磺酸质量比,结果保留三位有效数字。

$$\omega = \frac{\rho - \rho_0}{m} \times V \qquad (19-1)$$

式中:ω——样品中环己基氨基磺酸的质量比,mg/kg;

　　　ρ——由标准曲线计算出定容样液中环己基氨基磺酸的质量浓度,mg/L;

　　　ρ_0——由标准曲线计算出空白实验中环己基氨基磺酸的质量浓度,mg/L;

　　　m——样品质量,g;

　　　V——样品的最后定容体积,mL。

备注:若要计算样品中环己基氨基磺酸钠的含量,按照折算系数进行换算。

六、数据记录与处理

请自行设计表格,并进行计算。

七、注意事项

1.置于冰浴中用亚硝酸钠衍生化时应注意控制温度,温度过高会导致环己醇亚硝酸酯向环己醇转化。

2.若测得环己基氨基磺酸响应值超出线性范围,用正庚烷稀释后再进样分析,结果将稀释倍数折算回去即可。

3.衍生化好的样品务必于1~4℃冰箱冷藏保存,温度过高亦会导致环己醇亚硝酸酯向环己醇转化。

八、相关标准

食品安全国家标准 食品中环己基氨基磺酸钠的测定:GB 5009.97—2016。

九、思考题

1.环己基氨基磺酸的测定为什么需要衍生化?列出衍生化过程的反应方程式。如果不采用气相色谱法分析,还可以有哪些方法来分析环己基氨基磺酸?

2.气相色谱定量分析的时候,为什么以环己醇亚硝酸酯和环己醇峰面积之和进行定量?

30-文档

实验 20   腌菜中氯化物的测定

一、实验目的

1.掌握银量法(直接滴定法)测定氯化物含量的原理。
2.掌握银量法(直接滴定法)的操作技术。

二、实验原理

31-PPT

样品经处理后,以铬酸钾为指示剂,用硝酸银标准溶液滴定试液中的氯化物。根据硝酸银标准溶液的消耗量,计算食品中氯的含量。

三、预习要求

硝酸银标准溶液的配制,银量法(直接滴定法)的操作过程,指示剂的选择依据。

四、仪器和试剂

1.仪器:组织捣碎机;粉碎机;研钵;涡旋振荡器;超声波清洗器;恒温水浴箱;pH 计;分析天平;一般实验室常用仪器和设备。

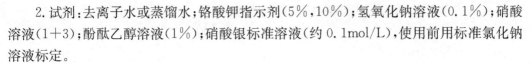

2. 试剂：去离子水或蒸馏水；铬酸钾指示剂（5%，10%）；氢氧化钠溶液（0.1%）；硝酸溶液（1+3）；酚酞乙醇溶液（1%）；硝酸银标准溶液（约 0.1mol/L），使用前用标准氯化钠溶液标定。

3. 材料：市售腌菜。

五、实验内容

（一）样品制备

取有代表性的样品，用组织粉碎机粉碎或用研钵研细，置于密闭的玻璃容器内。

（二）样品前处理

准确称取制备好的样品约 10g（m）于 250mL 锥形瓶中，加入 50mL 70℃ 热水，涡旋振荡器振荡 5min，超声处理 20min，冷却至室温，转移至容量瓶中，用水稀释至刻度，定容体积为 V，摇匀，在室温静置 30min。用滤纸过滤，弃去最初滤液，收集滤液备用。

（三）样品测定

1. pH 值在 6.5～10.5 的试液：移取试液 50.00mL（V_1）于 250mL 三角瓶中，加入 50mL 水和 1mL 铬酸钾指示剂（5%）。滴加 1～2 滴硝酸银标准溶液，此时，滴定液应变为棕红色，如不出现这一现象，补加 1mL 铬酸钾指示剂（10%），再边摇动边滴加硝酸银标准溶液，颜色由黄色变为橙色（保持 1min 不变色），记录消耗硝酸银标准溶液的体积 V_2（mL）。同时做一空白实验，记录读数为 V_3（mL）。

2. pH 值小于 6.5 的试液：移取试液 50.00mL（V_1）于 250mL 三角瓶中，加入 50mL 水和 0.2mL 酚酞乙醇溶液（1%），用氢氧化钠溶液（0.1%）滴定至微红色，加 1mL 铬酸钾指示剂（10%）。边摇动边滴加硝酸银标准溶液，颜色由黄色变为橙色（保持 1min 不变色），记录消耗硝酸银标准溶液的体积 V_2（mL）。同时做一空白实验，记录读数为 V_3（mL）。

（四）计算

按式（20-1）计算食品中氯化物的质量分数 ω。

$$\omega = \frac{(V_2 - V_3) \times c \times 0.0355 \times V}{m \times V_1} \times 100 \qquad (20-1)$$

式中：ω——食品中氯化物的质量分数（以氯计），%；

　　0.0355——氯的摩尔质量，kg/mol；

　　c——硝酸银标准溶液的浓度，mol/L；

　　V_1——用于滴定的样品体积，mL；

　　V_2——滴定样品时消耗的硝酸银标准溶液体积，mL；

V_3——空白实验消耗的硝酸银标准溶液体积,mL;

V——样品定容体积,mL;

m——样品质量,g。

六、数据记录与计算

将实验数据填入表 20-1 中。

表 20-1 数据记录与处理

测定次数	样品质量 m/g	硝酸银标准溶液的浓度 $c/(mol/L)$	样品定容体积 V/mL	用于滴定的样品体积 V_1/mL	滴定样品所用硝酸银标准溶液的体积 V_2/mL	滴定空白所用硝酸银标准溶液的体积 V_3/mL	氯化物质量分数（以氯计）	
							计算结果 $\omega/\%$	平均值 $\overline{\omega}/\%$
1								
2								

备注:若氯化物质量分数≥1‰,结果保留三位有效数字;若氯化物质量分数<1‰,结果保留两位有效数字。

七、注意事项

1. 操作过程应避免阳光直接照射。

2. $AgNO_3$ 试剂及其溶液具有腐蚀性,会破坏皮肤组织,注意切勿接触皮肤及衣服。

3. 配制 $AgNO_3$ 标准溶液的蒸馏水应无 Cl^-,否则配成的 $AgNO_3$ 标准溶液会出现白色浑浊,不能使用。

4. 实验完成后,盛装 $AgNO_3$ 标准溶液的滴定管、容量瓶及锥形瓶应先用蒸馏水洗涤 2～3 次,再用自来水洗净,以免 AgCl 沉淀残留于滴定管内壁。

八、相关标准

食品安全国家标准 食品中氯化物的测定:GB 5009.44—2016。

九、思考题

1. 为什么不同 pH 的试液选择显色剂不一样?

2. 用说明实验过程中颜色变化的原因以及发生的化学反应变化。

实验 21　白酒中乙醇浓度的测定

一、实验目的

1. 掌握用酒精计测定酒中乙醇浓度的方法。
2. 用酒精计测定乙醇浓度的原理。

二、实验原理

以蒸馏法去除样品中不挥发性物质,用酒精计测得酒精体积分数示值,并进行温度校正,求得在 20℃时乙醇的体积分数,即为酒精度。

三、预习要求

酒精计的结构及测定原理,酒精度温度校正方法。

四、仪器和试剂

1. 仪器:分度值为 0.1% 的精密酒精计;500mL、1000mL 的全玻璃蒸馏瓶;100mL 容量瓶;一般实验室常用仪器和设备。
2. 材料:市售白酒。

五、实验内容

(一)样品前处理

用一洁净、干燥的 100mL 容量瓶,准确量取 100mL 样品(液温 20℃)于 500mL 蒸馏瓶中,用 50mL 水分三次冲洗容量瓶,洗液并入 500mL 蒸馏瓶中,加几颗沸石(或玻璃珠),连接蛇形冷凝管。以取样用的原容量瓶作接收器(外加冰浴),开启冷却水(冷却水温度宜低于 15℃),缓慢加热蒸馏,收集馏出液。当接近刻度时,取下容量瓶,盖塞,于 20℃水浴中保温 30min,再补加水至刻度,混匀,备用。

32-视频

(二)样品溶液的测定

将样品溶液倒入洁净、干燥的 100mL 量筒中,静置数分钟,待酒中气泡消失后,放入洁净、擦干的酒精计,再轻轻按一下,不应接触量筒壁,同时插入温度计,平衡约 5min,水平观测,读取与弯月面相切处的刻度示值,同时记录温度。

(三)测定结果及表示

根据测得的酒精计示值和温度,查酒精计温度与 20℃酒精度(乙醇含量)换算表(可参考 GB 5009.225—2016 附录 B)，换算成 20℃时样品的酒精度，以体积分数"％"表示，结果保留至小数点后一位。

六、数据记录与处理

将实验数据填入表 21-1 中。

表 21-1　数据记录与处理

测定次数	温度/℃	酒精计示值/％	查 GB 5009.225—2016 附录 B	酒精度（20℃）	
				计算结果/％	平均值/％
1					
2					

七、注意事项

1.读数时视线应与弯月面相切，否则读数不准。

2.测定使用的量筒和酒精计务必擦干，不能有水，否则会影响结果。

3.蒸馏酒精时接收器需要置于冰浴中，若温度太高，会导致酒精有一定程度的挥发，造成结果偏低。

八、相关标准

食品安全国家标准 酒中乙醇浓度的测定：GB 5009.225—2016。

九、思考题

1.对于啤酒等酒精度较低的样品，能否用酒精计法测定？

2.用于接收馏出液的接收器需要干燥吗？

实验 22　肉制品中脂肪的测定

一、实验目的

1.学习索氏抽提法测定肉制品中脂肪的原理与方法。

2.掌握索氏抽提法测定脂肪的基本操作要点及影响因素。

二、实验原理

利用脂肪能溶于有机溶剂的性质,将干燥后的样品用无水乙醚或石油醚经索氏抽提器反复抽提,使样品的脂肪进入溶剂中,蒸发除去溶剂,干燥,得到游离态脂肪的含量。

三、预习要求

索氏抽提法测定脂肪的原理,提取脂肪等操作的注意事项。

四、仪器和试剂

1.仪器:索氏抽提器;恒温水浴箱;分析天平;电热鼓风干燥箱;干燥器;滤纸筒;一般实验室常用仪器和设备。

2.试剂:实验用水为去离子水或蒸馏水;无水乙醚;石油醚,沸程为 30~60℃。

3.材料:肉制品。

五、实验内容

(一)样品前处理

准确称取充分混匀后的双份样品 2~5g,全部移入滤纸筒内。将滤纸筒放入索氏抽提器的抽提筒内,连接已干燥至恒重的接收瓶,由抽提器冷凝管上端加入无水乙醚或石油醚至瓶内容积的 2/3 处,于水浴上加热,使无水乙醚或石油醚不断回流抽提(6~8 次/h),一般抽提6~10h。提取结束时,用磨砂玻璃棒接取 1 滴提取液,若磨砂玻璃棒上无油斑表明提取完毕。

33-视频

(二)称量

取下接收瓶,加热回收无水乙醚或石油醚,待接收瓶内溶剂剩余 1~2mL 时在水浴上蒸干,再于(100±5)℃干燥 1h,放干燥器内冷却 0.5h 后称量。重复以上操作直至恒重(直至两次称量的差不超过 2mg)。

注:两次恒重值在最后计算中取质量较小的一次称量值。

(三)计算

按式(22-1)计算样品中脂肪的质量分数,计算结果保留一位小数。

$$\omega=(m_1-m_0)/m_2\times100 \qquad (22-1)$$

式中:ω——样品中脂肪的质量分数,%;

m_1——恒重后接收瓶和脂肪的质量,g;

m_0——已恒重接收瓶的质量,g;

m_2——样品的质量,g。

六、数据记录与处理

将实验数据填入表 22-1 中。

表 22-1　数据记录与处理

测定次数	样品的质量 m_2/g	已恒重接收瓶的质量 m_0/g	干燥恒重后接收瓶和脂肪的质量 m_1/g	脂肪质量分数	
				计算结果 $\omega/\%$	平均值 $\overline{\omega}/\%$
1					
2					

七、注意事项

1. 抽提筒内的滤纸筒不能超过虹吸管,否则样品中的脂肪不能提尽而造成误差。

2. 样品和乙醚的浸出物在烘箱中干燥时间不应过长,以免不饱和脂肪酸受热氧化而影响质量。

3. 注意易燃有机溶剂的安全使用,接收瓶中的有机溶剂残留物必须彻底挥尽后才能放入烘箱内干燥。干燥初期瓶口侧放,半敞开烘箱门,于 90℃ 以下鼓风干燥 10～20min,然后将烘箱门关闭,升至所需温度。

八、相关标准

食品安全国家标准 食品中脂肪的测定:GB 5009.6—2016。

九、思考题

1. 为什么测定样品、抽提器、抽提溶剂均需进行去水处理? 水的存在会导致什么情况?

2. 含水的样品能否采用乙醚直接提取,会有什么影响?

3. 简述索氏提取法测定食品中脂肪的原理、应用范围以及确保实验操作安全的要点。

实验 23　植物油中酸价的测定

一、实验目的

1. 掌握测定植物油中酸价的原理和方法。

2. 了解滴定管的选取和使用方法。

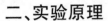

二、实验原理

酸价表示中和 1g 物质所需的氢氧化钾的毫克数,它是衡量油脂变质程度的指标。本实验为冷溶剂指示剂滴定法,测定对象为常温下能够被冷溶剂完全溶解成澄清溶液的食用油脂样品,适用范围包括食用植物油(辣椒油除外)、食用动物油、食用氢化油、起酥油、人造奶油、植脂奶油、植物油料等 7 类。

实验原理是用有机溶剂将油脂样品溶解成溶液,再用氢氧化钾或氢氧化钠标准溶液滴定样品溶液中的游离脂肪酸,以指示剂相应的颜色变化来判定滴定终点,最后通过滴定消耗的标准溶液的体积计算油脂样品的酸价。

三、预习要求

酸碱滴定法的操作技术,酸价测定的原理。

四、仪器和试剂

1. 仪器:10mL 微量滴定管(最小刻度为 0.05mL);分析天平;一般实验室常用仪器和设备。

2. 试剂:去离子水或蒸馏水;氢氧化钾标准溶液(0.1mol/L 或 0.5mol/L);样品溶解液:乙醚-异丙醇混合液(1+1,体积比);酚酞指示剂(1g/100mL),百里香酚酞指示剂(2g/100mL),碱性蓝 6B 指示剂(2g/100mL),以上三种指示剂均溶解在 95% 乙醇中。

3. 材料:液态食用油样品。

五、实验内容

(一)样品制备与称量

取液态食用油样品,充分混匀,根据样品的颜色和估计的酸价,按照表 23-1 规定称量样品。

表 23-1　样品称量

估计的酸价/(mg/g)	最小称样量/g	滴定液浓度/(mol/L)	样品称重的精确度/g
0~1	20	0.1	0.05
1~4	10	0.1	0.02
4~15	2.5	0.1	0.01
15~75	0.5~3.0	0.1 或 0.5	0.001
>75	0.2~1.0	0.5	0.001

样品称样量和滴定液浓度应使滴定液用量为 0.2～10mL(扣除空白后)。若检测后发现样品的实际称样量与该样品酸价所对应的应有称样量不符,应按照表 23-1 要求,调整称样量后重新检测。

（二）测定

1.样品测定:取一个干净的 250mL 锥形瓶,按照表 23-1 的要求用天平称取油脂样品 m(g),加入 50～100mL 中性乙醚-异丙醇混合液,加数滴酚酞指示剂(1g/100mL),充分振摇溶解。再用装有标准溶液的刻度滴定管对样品溶液进行手工滴定,当样品溶液初现微红色,且 15s 内无明显褪色时,为滴定终点,立刻停止滴定,记录读数 V(mL)。

2.空白实验:取一个干净的 250mL 锥形瓶,不加样品,其他步骤都与上述样品测定一样进行空白实验,记录所消耗的标准溶液的体积 V_0(mL)。

（三）计算

酸价又称酸值,按式(23-1)进行计算。

$$\omega_{AV} = (V - V_0) \times c \times 56.1/m \tag{23-1}$$

式中:ω_{AV}——酸价,mg/g;

V——样品测定所消耗的标准溶液的体积,mL;

V_0——空白实验所消耗的标准溶液的体积,mL;

c——标准溶液的浓度,mol/L;

56.1——氢氧化钾的摩尔质量,g/mol;

m——油脂样品的称样量,g。

六、数据记录与处理

将实验数据填入表 23-2 中。

表 23-2 数据记录与处理

测定次数	样品的质量 m/g	氢氧化钾标准溶液浓度 c/(mol/L)	样品消耗氢氧化钾标准溶液体积 V/mL	空白实验消耗氢氧化钾标准溶液体积 V_0/mL	酸价(以脂肪计)	
					计算结果 ω_{AV}/(mg/g)	平均值 $\overline{\omega}_{AV}$/(mg/g)
1						
2						

备注:若计算结果小于等于 1mg/g,结果保留两位小数;若结果在 1～100mg/g 之间,保留一位小数;若结果大于等于 100mg/g,结果保留至整数。

七、注意事项

1. 可在配制好的样品溶解液中滴加数滴指示剂,然后用标准溶液滴定样品溶解液至相应的颜色且 15s 内无明显褪色后停止,表明样品溶解液的酸性正好被中和。然后以这种酸性被中和的样品溶解液溶解油脂样品,再用同样的方法继续滴定样品溶液至相应的颜色且 15s 内无明显褪色后停止,如此无须再进行空白实验,即 $V_0=0$。

2. 对于深色的油脂样品,可用百里香酚酞指示剂或碱性蓝 6B 指示剂取代酚酞指示剂,滴定时,当颜色变为蓝色时为百里香酚酞的滴定终点,碱性蓝 6B 指示剂的滴定终点为由蓝色变红色。米糠油(稻米油)的冷溶剂指示剂法测定酸价只能用碱性蓝 6B 指示剂。

八、相关标准

食品安全国家标准 食品中酸价的测定:GB 5009.229—2016。

九、思考题

34-文档

1. 脂肪酸败的原因有哪些?
2. 在本次实验中做空白实验的目的是什么?
3. 实验中如何选择合适的指示剂?

实验 24　茶叶中拟除虫菊酯类农药的测定

一、实验目的

1. 掌握茶叶中拟除虫菊酯类农药的提取和分析方法。
2. 进一步提高气相色谱实用分析技术,特别是电子捕获检测器的使用规范。

二、实验原理

样品中拟除虫菊酯类农药经溶剂提取、固相萃取净化、浓缩后注入气相色谱仪,经色谱柱分离后进入电子捕获检测器(ECD)中,以保留时间定性,外标法定量。

三、预习要求

学习电子捕获检测器的特点和使用注意事项;常用农药残留的测定方法。

四、仪器和试剂

1. 仪器:气相色谱仪,配电子捕获检测器,HP－5 气相色谱柱(30m×320μm×0.25μm)或其他等效柱;高速组织捣碎机;电动振荡器;高温炉;K－D 浓缩器或恒温水浴箱;具塞三角烧瓶;玻璃漏斗;涡旋混合器;旋转蒸发仪;一般实验室常用仪器和设备。

2. 试剂:乙腈(农残级);氯化钠(分析纯);正己烷(色谱级);丙酮(色谱级);无水硫酸钠(分析纯);佛罗里硅土(Florisil)固相萃取柱;脱脂棉;拟除虫菊酯类标准品(100mg/L,可以包括联苯菊酯、甲氰菊酯、三氟氯氰菊酯、氯菊酯、氯氰菊酯、氰戊菊酯、氟胺氰菊酯、氟氯氰菊酯、溴氰菊酯等化合物)。

3. 材料:茶叶(成茶)。

五、实验内容

(一)样品前处理

1. 提取:称取粉碎后的茶叶 2g(精确到 0.001g),置于 50mL 比色管中,加适量水浸没过夜,准确加入 25.0mL 乙腈,在涡旋混合器上混合 2min,超声波提取 10min,用滤纸过滤,收集滤液到装有约 0.5g 氯化钠的 25mL 比色管中,剧烈振摇 2min,室温下静置 10min,使乙腈相和水相分层。准确吸取上清液 10.00mL 于 40℃水浴的旋转蒸发仪中,浓缩至近干,加 2mL 正己烷溶解残渣,备用。

35-视频

2. 净化浓缩:取 Florisil 柱,先用 5mL 丙酮-正己烷混合溶液(1＋9)预淋洗,再加 5mL 正己烷淋洗,然后将提取后所得的 2mL 正己烷样液加到柱子上,用 10mL 丙酮-正己烷混合溶液(1＋9)分 3 次洗涤浓缩瓶,将清洗液加到柱子上,收集洗脱液,将其放在 40℃水浴上旋转蒸发浓缩至近干,加 1mL 正己烷溶解制成分析液。

(二)测定

1. 仪器参考条件:色谱柱初始温度 60℃(保持 1min),以 15℃/min 的速度升至 220℃(保持 5min),再以 10℃/min 的速度升至 280℃(保持 6min);进样口 280℃,检测器 280℃。载气为高纯氮气,流速 1mL/min。以上条件为参考条件,根据实际仪器进行调整。

2. 标准曲线的制作:配制标准溶液,质量浓度为 5.0,10.0,50.0,100,250μg/L,按照上述仪器条件进行测定,保留时间定性,峰面积定量,以拟除虫菊酯类物质的质量浓度为横坐标,峰面积为纵坐标,绘制标准曲线。

3. 空白实验:以实验用水代替样品,使用同样的试剂,同样的步骤,按照上述标准溶液的操作方法进行测定,根据标准曲线得到空白实验中各组分的质量浓度。

4. 上机测定:分别吸取 1.0μL 空白实验溶液和净化后的样品溶液,注入气相色谱仪中,可测得目标物的响应值峰面积,以保留时间定性,根据标准曲线得到样品中各组分的

浓度,平行测定次数不少于两次。

（三）计算

按式(24-1)计算样品中 i 组分的质量比,结果保留三位有效数字。

$$\omega_i = \frac{(\rho_i - \rho_{i0}) \times V_1 \times V_3}{m \times 1000 \times V_2} \qquad (24-1)$$

式中:ω_i——样品中 i 组分的质量比,mg/kg;

$\qquad \rho_i$——由标准曲线得到样品溶液中 i 组分的质量浓度,$\mu g/L$;

$\qquad \rho_{i0}$——由标准曲线得到空白实验溶液中 i 组分的质量浓度,$\mu g/L$;

$\qquad m$——样品质量,g;

$\qquad V_1$——提取溶剂总体积,mL;

$\qquad V_2$——提取液分取体积,mL;

$\qquad V_3$——样品的定容体积,mL。

六、数据记录与处理

请自行设计表格,并进行计算。

七、注意事项

1.气相色谱仪在实验结束后要先降色谱柱、进样口和检测器温度,最后再关载气。

2.前处理过程注意除水,切不可将含水分的制备液进样。

3.所有离心管、净化柱均需经洗涤和烘干处理。

八、相关标准

[1]植物性食品中氯氰菊酯、氰戊菊酯和溴氰菊酯残留量的测定:GB/T 5009. 110—2003。

[2]蔬菜、水果、粮食、茶叶中 30 种有机氯和拟除虫菊酯类农药多残留同时测定方法 气相色谱法:DB34/T 1075—2009。

九、思考题

1. GB 5009.110—2003 的方法中在样品前处理过程中使用了中性氧化铝、活性炭粉等填料,它们的作用是什么? 在制作层析柱过程中应如何装制?

2. ECD 检测器在使用前应如何操作? 如何避免样品对 ECD 检测器的损伤?

36-文档

实验 25　食品中淀粉的测定——酸水解法

一、实验目的

1. 了解食品中淀粉含量的分析原理及操作方法。
2. 掌握酸水解法测定淀粉的操作技术。

二、实验原理

样品经除去脂肪及可溶性糖类后,其中淀粉用酸水解成具有还原性的单糖,然后按照还原糖进行测定,并折算成淀粉。

37-PPT

三、预习要求

酸水解法测定淀粉含量的原理和操作要点。

四、仪器和试剂

1. 仪器:分析天平;恒温水浴箱;回流装置;250mL 锥形瓶;组织捣碎机;电炉;筛(0.425mm,相当于 40 目);一般实验室常用仪器和设备。

2. 试剂:实验用水为去离子水或蒸馏水;石油醚(分析纯,沸程为 60~90℃);乙醚(分析纯);精密 pH 试纸;甲基红指示剂(2g/L);氢氧化钠溶液(400g/L);乙酸铅溶液(200g/L);硫酸钠溶液(100g/L);盐酸溶液(1+1);乙醇溶液(85%);碱性酒石酸铜甲液(称取 15g 硫酸铜及0.050g 亚甲蓝,溶于水中并定容至 1000mL);碱性酒石酸铜乙液(称取 50g 酒石酸钾钠、75g 氢氧化钠,溶于水中,再加入 4g 亚铁氰化钾,完全溶解后,用水定容至 1000mL,贮存于橡胶塞玻璃瓶内);葡萄糖标准溶液(1000mg/L):准确称取 1g 左右经过 98~100℃干燥 2h 的 D-无水葡萄糖[$C_6H_{12}O_6$,纯度≥98%(HPLC)],加水溶解后加入 5mL 盐酸,用水定容至 1000mL。

3. 材料:蔬菜、水果等食品。

五、实验内容

(一)样品制备

1. 易于粉碎的样品:样品磨碎过 0.425mm 筛,称取 2~5g(精确到 0.001g),置于放有慢速滤纸的漏斗中,用 50mL 石油醚或乙醚分 5 次洗去样品中脂肪,弃去石油醚或乙醚。用 150mL 乙醇溶液(85%)分数次洗涤残渣,以充分除去可溶性糖类物质。根据样品的实际情况,可适当增加洗涤液的用量和洗涤次数,以保证干扰检测的可溶性糖类物质洗涤完全。滤干乙醇溶液,用 100mL 水洗涤漏斗中的残渣并转移至 250mL 锥形瓶中,加入 30mL 盐酸溶液,接好冷凝管,置沸水浴中回流 2h。回流完毕,立即冷却。待样品水解液冷却后,加入 2 滴甲基红指示剂,先以氢氧化钠溶液调至黄色,再以盐酸溶液校正至样品水解液刚变成红色。若样品水解液颜色较深,可用精密 pH 试纸测定,使样品水解液的 pH 约为 7。然后加 20mL 乙酸铅溶液,摇匀,放置 10min。再加 20mL 硫酸钠溶液,以除去过多的铅。摇匀后将全部溶液及残渣转入 500mL 容量瓶中,用水洗涤锥形瓶,洗液合并转入容量瓶中,加水稀释至刻度。过滤,弃去初滤液 20mL,滤液供测定用。

2.其他样品:准确称取一定量(2.5～5.0g)样品,准确加入适量水,在组织捣碎机中捣成匀浆(蔬菜、水果需先洗净晾干,取可食部分)。将匀浆置于 250mL 锥形瓶中,用 50mL 石油醚或乙醚分五次洗去样品中脂肪,弃去石油醚或乙醚。其余步骤按照"易于粉碎的样品"中的"150mL 乙醇洗涤"步骤开始操作。

(二)测定

1.标定碱性酒石酸铜溶液:吸取 5.00mL 碱性酒石酸铜甲液及 5.00mL 碱性酒石酸铜乙液,置于 150mL 锥形瓶中,加水 10mL,加入玻璃珠两粒,从滴定管滴加葡萄糖标准溶液约 9mL,控制在 2min 内加热至沸,保持溶液沸腾状态,以每 2 秒 1 滴的速度继续滴加葡萄糖,直至溶液蓝色刚好褪去为终点,记录消耗葡萄糖的总体积。同时平行操作三份,取其平均值 V_s(mL),按式(25-1)计算每 10mL(甲、乙液各 5mL)碱性酒石酸铜溶液相当于葡萄糖的质量 m_s(mg)。

$$m_s = V_s \times c_s/1000 \qquad\qquad (25-1)$$

式中:m_s——10mL 碱性酒石酸铜溶液(甲、乙液各半)相当于葡萄糖的质量,mg;

$\quad\quad V_s$——葡萄糖溶液滴定体积,mL;

$\quad\quad c_s$——葡萄糖溶液质量浓度,g/L。

注:也可以按上述方法标定 4～20mL 碱性酒石酸铜溶液(甲、乙液各半)来适应样品中还原糖的浓度变化。

2.样品溶液测定

(1)预测滴定:吸取 5.00mL 碱性酒石酸铜甲液及 5.00mL 碱性酒石酸铜乙液于同一 150mL 锥形瓶中,加蒸馏水 10mL,加入两粒玻璃珠,控制在 2min 内加热至沸,保持沸腾状态 15s,以每 2 秒 1 滴的速度滴入样品溶液至溶液蓝色完全褪尽为止,读取所用样品溶液的体积。当样品溶液中葡萄糖浓度过高时,应适当稀释后再进行正式测定,使每次滴定消耗样品溶液的体积控制在与标定碱性酒石酸铜溶液时所消耗的葡糖糖标准溶液的体积相近,约为 10mL。

(2)精确滴定:吸取 5.00mL 碱性酒石酸铜甲液及 5.00mL 碱性酒石酸铜乙液于同一 150mL 锥形瓶中,加蒸馏水 10mL,加入两粒玻璃珠,从滴定管滴加比预测的体积少 1mL 的样品溶液至锥形瓶中,使在 2min 内加热至沸,保持沸腾状态 2min,以每 2 秒 1 滴的速度滴入样液,溶液蓝色刚好褪去为终点,记录样品溶液消耗的体积 V。同时平行操作三份,得出平均值 $\overline{V}$(mL)。

(三)计算

按式(25-2)计算样品中淀粉的质量分数,结果保留三位有效数字。

$$\omega = \frac{m_{s} \times 0.9}{m \times \dfrac{\overline{V}}{500} \times 1000} \times 100 \tag{25-2}$$

式中：ω——样品中淀粉的质量分数，%；

m_{s}——10mL 碱性酒石酸铜溶液（甲、乙液各半）相当于葡萄糖的质量，mg；

0.9——葡萄糖折算成淀粉的换算系数；

m——称取样品质量，g；

$\overline{V}$——测定样品溶液消耗的体积，mL；

500——样品溶液总体积，mL。

六、数据记录与处理

将实验数据填入表 25-1 中。

表 25-1　数据记录与处理

测定次数	样品质量 m/g	样品溶液总体积 /mL	标定溶液对应的葡萄糖质量 m_{s}/mg	测定样品溶液消耗的体积 V/mL			平均值 $\overline{V}$	淀粉质量分数	
				第 1 次	第 2 次	第 3 次		计算结果 ω/%	平均值 $\overline{\omega}$/%
1		500							
2									

七、注意事项

1. 样品加入乙醇溶液后，混合液中乙醇的含量应在 80% 以上，以防止糊精随可溶性糖类一起被洗掉。

2. 水解条件要严格控制，包括酸度、水解温度、水解时间，以保证淀粉水解完全，并避免因加热时间过长对葡萄糖产生的影响。若水解时间较长，应采用回流装置，以保证水解过程中盐酸的浓度不发生变化。

3. 样品水解液冷却后，应立即调至中性。

4. 可用 20% 中性乙酸铅溶液来沉淀蛋白质、果胶等杂质，然后再加入 10% 硫酸钠溶液除去过多的铅。

八、相关标准

食品安全国家标准 食品中淀粉的测定：GB 5009.9—2016。

九、思考题

1. 样品处理中加入乙醚、乙醇、水的作用是什么？

2. 为什么要加入硫酸钠除铅？

实验 26　化妆品中汞的测定——自动测汞仪法

一、实验目的

1. 掌握自动测汞仪的工作原理。
2. 掌握自动测汞仪的基本使用方法。

38-视频

二、实验原理

自动测汞仪的结构如图 26-1 所示。汞蒸气对波长为 253.7nm 的共振线具有强烈的特征吸收，并遵循朗伯-比尔定律。将称好的样品放入样品舟内，仪器将样品自动送进热解炉。样品经加热、干燥后被高温氧化分解，分解产物经过催化炉催化还原后进入汞齐化器，对汞元素进行选择性吸附，然后对汞齐化器进行迅速加热，使其吸附的汞释放出来。汞蒸气随载气通过吸收池，在 253.7nm 处测量吸收，最后计算出汞的含量。

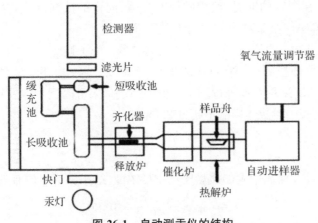

图 26-1　自动测汞仪的结构

三、预习要求

自动测汞仪的测定原理和控制要点，汞标准溶液配制注意事项。

四、仪器和试剂

1. 仪器：自动测汞仪；分析天平；微量移液器；一般实验室常用仪器和设备。
2. 试剂：硝酸（优级纯）；汞标准贮备液（1000mg/L）。

3. 材料:膏状、粉状化妆品。

五、实验内容

(一)样品前处理

样品粉碎,混匀。

(二)测定

1. 仪器参考条件:干燥温度 200℃,干燥时间 60s,催化温度 650℃,催化时间 60s,分解温度 650℃,分解时间 120s,歧化温度 900℃,歧化时间 12s,信号采集时间 30s,清洗时间 60s。以上为参考条件,具体条件视不同仪器进行设定。

2. 标准曲线的制作:吸取一定量的汞标准贮备液,用 5% 硝酸溶液逐级稀释成 1.0mg/L 及 0.1mg/L 标准溶液。对于高浓度范围,推荐从 1.0mg/L 标准溶液中分别吸取 0,0.1,0.2,0.3,0.4,0.5mL,加入样品舟内进行测定;对于低浓度范围,推荐从 0.1mg/L 标准溶液中分别吸取 0,0.05,0.1,0.2,0.3,0.4,0.5mL,加入样品舟内进行测定。高浓度范围相当于 0,100,200,300,400,500ng,低浓度范围相当于 0,5,10,20,30,40,50ng,制成汞绝对质量标准曲线。按照上述仪器条件进行标准溶液的测定,并绘制标准曲线。

3. 空白实验:在测定的同时,使用同样的步骤、同样的试剂,但不含样品,进行测定,依据标准曲线计算空白实验对应的汞的绝对质量。

4. 样品的测定:由于样品中可能含有高浓度的汞,为了避免催化炉的污染,建议开始使用较小的称样量分析样品,准确称取固体样品 0.03～0.08g,液体样品吸取 20～100μL,按设置的仪器测量参数进行测定。根据测定结果可以适当增加称样量,最大称样量固体样品不超过 2.0g,液体样品不超过 2.0mL。

(三)计算

按式(26-1)计算样品中汞的质量比或质量浓度,结果保留三位有效数字。

$$\omega = (m_1 - m_0)/(m \times 1000) \qquad (26-1)$$

式中:ω——样品中汞的质量比或质量浓度,mg/kg 或 mg/L;

m_1——样品中汞的质量,ng;

m_0——空白实验中汞的质量,ng;

m——样品质量(体积),g 或 mL。

六、数据记录与处理

请自行设计表格,并进行计算。

七、注意事项

1. 自动测汞仪使用前应进行校正。

2. 样品舟使用前需在 650℃马弗炉中灼烧 1h。

八、相关标准

化妆品中汞的测定　自动测汞仪法：DB22/T 1979—2013。

九、思考题

1. 自动测汞仪中催化剂的作用是什么？

2. 配制汞标准系列溶液过程中应注意什么，应该使用哪种器皿，器皿是怎样清洗的？

实验 27　化妆品中六价铬的测定 ——液相色谱-电感耦合等离子体质谱法

一、实验目的

1. 学习质谱法测定化妆品中六价铬的原理和方法。

2. 学习测定化妆品中六价铬的前处理方法。

二、实验原理

样品中六价铬采用氢氧化钠溶液提取，通过液相色谱进行分离，使用电感耦合等离子体质谱仪进行测定，外标法定量。样品进入电感耦合等离子体质谱仪后由载气带入雾化系统进行雾化，目标元素以气溶胶形式进入等离子体的轴向通道，在高温和惰性气体中被充分蒸发、解离、原子化和电离，转化成带电荷的正离子经离子采集系统进入质谱仪，质谱仪根据离子的质荷比进行分离并定性、定量分析。在一定浓度范围内，离子的质荷比所对应的响应值与其浓度成正比。

三、预习要求

化妆品中六价铬的前处理要求，液相色谱-电感耦合等离子体质谱仪的检测原理和基本操作。

四、仪器和试剂

1. 仪器：液相色谱-电感耦合等离子体质谱仪，配有碰撞反应池（CCT），C18 液相色谱柱(150mm×4.6mm×5μm)或者其他等效柱;分析天平;超声波清洗仪;pH 计;离心机:转速可达到 10000r/min;聚乙烯离心管;一般实验室常用仪器和设备。

2. 试剂:提取液(0.05mol/L 氢氧化钠溶液);磷酸盐缓冲溶液(8.71g 磷酸氢二钾和 6.80g 磷酸二氢钾溶解在 100mL 水中);流动相(2mmol/L 四丁基硫酸氢铵溶液,含 5% 甲醇,pH=4.0,使用前过 0.45μm 滤膜,超声处理 10min);硝酸溶液(2%);六水合氯化镁;甲醇(色谱级);六价铬标准溶液(250μg/L)。

3. 材料:散粉、粉饼或者眼影粉。

五、实验内容

(一)样品前处理

准确称取约 0.5g 均匀样品于 50mL 聚乙烯离心管中,加入 0.5mL 磷酸盐缓冲溶液、0.4g 六水合氯化镁,加入 19.5mL 提取液,超声振荡提取 20min,转速 6000r/min 离心 5min。如离心后仍浑浊,吸取 5mL 溶液至 10mL 聚乙烯离心管中,转速 10000r/min 离心 5min。取上清液,用 2% 硝酸溶液调 pH 为 6.5~7.0,微孔滤膜过滤,供液相色谱-电感耦合等离子体质谱仪测定。

注意:混匀所取样品,均分成两份,分别装入洁净容器,密封并做好标识,室温保存。

(二)测定

1. 仪器参考条件
(1)液相色谱条件:柱温为 30℃,进样量为 100μL,流速为 1.5mL/min。
(2)质谱条件:测量质量数为 52,53;采用碰撞反应池(CCT)模式,碰撞反应气为 He/H$_2$ 混合气;射频(RF)功率、等离子体气流量、雾化气流量、辅助气流量、碰撞反应气流量根据仪器实际情况应优化至最佳灵敏度。

2. 标准曲线的制作:分别移取 0,0.1,0.5,1.0,2.5,5.0mL 标准溶液于 25mL 容量瓶中,加入 0.625mL 磷酸盐缓冲溶液,0.5g 六水合氯化镁,用提取液稀释至刻度,混匀。取上述溶液适量于 6000r/min 离心 5min,取上清液,用 2% 硝酸溶液调节 pH 为 6.5~7.0,微孔滤膜过滤,即得标准溶液系列。该溶液系列的六价铬质量浓度分别为 0,1,5,10,25,50μg/L。该系列溶液临用现配。

3. 空白实验:在测定的同时,使用同样的操作步骤、同样的试剂,但不含样品,进行实验。

4. 上机测定:开机后按照上述条件进行设置,按标准溶液、空白实验、待测样品依次测量。用质量数为 52 的结果进行峰面积外标法定量。在上述仪器条件下,六价铬的保留时间约为 8min。

(三)计算

按式(27-1)计算样品中六价铬的质量比,结果保留三位小数。

$$\omega = (\rho - \rho_0) \times V / (m \times 1000) \qquad (27-1)$$

式中：ω——样品中六价铬的质量比，mg/kg；

　　ρ——测定用样品最终溶液中六价铬的质量浓度，μg/L；

　　ρ_0——空白实验最终溶液中六价铬的质量浓度，μg/L；

　　V——样品处理后最终定容体积，mL；

　　m——样品质量，g。

六、数据记录与处理

请自行设计表格，并进行计算。

七、注意事项

1. 实验过程中产生的废液和废物，应置于密闭容器中分类保管，委托有资质的单位处理。

2. 实验所用的玻璃器皿须先经硝酸溶液浸泡 24h，然后依次用自来水和实验用水洗净后方可使用。

3. 为保证仪器的稳定性和实验的准确性，应按照仪器说明书，定期或测定一定数量样品后对仪器的雾化器、炬管、采样锥和截取锥进行清洗。

八、相关标准

出口化妆品中六价铬的测定　液相色谱-电感耦合等离子体质谱法：SN/T 3821—2014。

九、思考题

1. 液相色谱和电感耦合等离子体质谱法在六价铬的分析中分别起什么作用？液相色谱-电感耦合等离子体质谱法分析六价铬有什么优势和劣势？

2. 如何在谱图上进行六价铬的定性判断？

3. 哪些因素会影响化妆品中六价铬的测定？测定六价铬时为什么要尽量避免使用玻璃仪器？

39-文档

实验 28　化妆品中溴代和氯代水杨酰苯胺的测定——高效液相色谱法

一、实验目的

1.了解高效液相色谱仪的基本结构和正确使用方法,了解其与普通液相色谱的区别。

2.学习高效液相色谱法分析化妆品中溴代和氯代水杨酰苯胺的方法。

二、实验原理

样品经溶剂超声提取、离心过滤后,以高效液相色谱进行测定,外标法定量,液相色谱-质谱确认。水杨酰苯胺俗称制剂 339,是化妆品中的杀菌剂,常见的有 3′,4′-二氯水杨酰苯胺、3′,4′,5′-三氯水杨酰苯胺、4′,5′-二氯水杨酰苯胺、3,5-二溴水杨酰苯胺、4′,5-二溴水杨酰苯胺、3,4′,5-三溴水杨酰苯胺。

40-PPT

三、预习要求

测定化妆品中溴代和氯代水杨酰苯胺的原理和注意事项,高效液相色谱仪的基本操作方法。

四、仪器和试剂

1.仪器:高效液相色谱(HPLC)仪,配紫外检测器或二极管阵列检测器,Eclipse XDB Phenyl 色谱柱($250mm \times 4.6mm \times 5\mu m$)或其他等效柱;分析天平;转速不低于 5000 r/min 的离心机;超声波清洗器;具塞塑料离心管(10mL);聚四氟乙烯微孔滤膜($0.45\mu m$);一般实验室常用仪器和设备。

2.试剂:甲醇(色谱纯);乙醇(色谱纯);四氢呋喃(色谱纯);氯化钠;标准品:3,4′,5-三溴水杨酰苯胺等 6 种溴代和氯代水杨酰苯胺,纯度不小于 97%;6 种卤代水杨酰苯胺混合标准贮备液(100mg/L,溶剂为甲醇)。

3.材料:膏霜类、唇膏类、水剂类、散粉类及香波类化妆品。

五、实验内容

（一）样品前处理

1.膏霜类样品:准确称取 1g 左右样品,置于 10mL 具塞塑料离心管中,加入 2g 氯化钠、10mL 甲醇摇匀,超声提取 20min,5000r/min 离心 15min 后,上清液经 $0.45\mu m$ 微孔滤膜过滤,滤液供高效液相色谱测定。

2.唇膏类样品:准确称取 1g 左右样品,置于 10mL 具塞塑料离心管中,依次加入 2mL 四氢呋喃,8mL 甲醇,摇匀,超声提取 20min,按照膏霜类样品处理方法进行离心过滤后待测。

3.水剂类、散粉类及香波类样品:准确称取 1g 左右样品,置于 10mL 具塞塑料离心管中,摇匀,加入 10mL 甲醇,超声提取 20min,按照膏霜类样品处理方法进行离心过滤后待测。

(二)测定

1.仪器参考条件:流动相为乙腈＋0.1％甲酸水溶液(体积比 68：32);流量 1.0 mL/min;检测波长 220nm;柱温 35℃;进样量 10μL。

2.标准曲线的制作:用甲醇将 6 种卤代水杨酰苯胺混合标准贮备液逐级稀释到质量浓度为 0.05,0.10,0.20,0.50,1.0,2.0,5.0,10.0mg/L 的混合标准工作溶液。根据上述色谱条件将样品按照浓度依次由低向高的顺序进样测定,以峰面积-浓度作图,制作标准曲线。

3.空白实验:在测定的同时,按照同样的步骤、使用同样的试剂,但不加入样品,进行空白实验。

4.样品分析:按照与标准溶液相同的步骤和条件进样测定(若样品浑浊,则需过滤后再进样,以防堵塞色谱柱),如果检出的卤代水杨酰苯胺的色谱峰的保留时间与标准品一致,并且在扣除背景后的样品色谱图中,该物质的紫外吸收光谱图与标准品一致,则可初步认定样品中存在卤代水杨酰苯胺,用外标法定量。

(三)计算

按式(28-1)计算样品中卤代水杨酰苯胺的质量比,结果保留两位小数。

$$\omega_i = (\rho_i - \rho_{i0})V/m \qquad (28-1)$$

式中:ω_i——样品中 i 组分的质量比,mg/kg;

ρ_i——从标准工作曲线上查出的样品溶液中 i 组分的质量浓度,mg/L;

ρ_{i0}——空白实验最终溶液中 i 组分的质量浓度,mg/L;

V——样品溶液最终定容体积,mL;

m——样品的质量,g。

六、数据记录与处理

请自行设计表格,并进行计算。

七、注意事项

本实验所用的各种溶剂均为易燃的有机溶剂,应在通风橱中操作。废液不能随意倾倒,应集中回收,统一处理。实验过程应避开阳光直接照射。

八、相关标准

化妆品中溴代和氯代水杨酰苯胺的测定 高效液相色谱法:QB/T 5294—2018。

九、思考题

1. 分析时,样品含量超出曲线范围应如何处理? 若出现假阳性样品无法确认是否为目标物时,可以采取哪些方式进行确认?

2. 为什么不同的样品加入前处理试剂不同? 膏霜类样品前处理过程中为什么要加入氯化钠?

实验 29　丁腈乳胶中结合丙烯腈含量的测定

一、实验目的

1. 了解凯氏蒸馏法的特点和原理。
2. 学习测定丁腈乳胶中结合丙烯腈含量的方法。

二、实验原理

结合丙烯腈是指以丙烯腈为一组分的共聚物中所结合的丙烯腈。本实验用无水乙醇凝聚乳胶,将凝聚物干燥后在催化剂存在下用硫酸加热消解,使丙烯腈中的氮转化成硫酸氢铵,加入过量的氢氧化钠溶液蒸馏,蒸出后用硼酸溶液吸收,用硫酸标准溶液滴定。

三、预习要求

测定结合丙烯腈含量的原理和注意事项,了解并掌握凯氏常量蒸馏装置的原理(图 29-1)和基本操作。

四、仪器和试剂

1. 仪器:锥形瓶或圆底烧瓶(200~250mL,带有回流冷凝装置),凯氏烧瓶(800mL),短颈玻璃漏斗(直径30~40mm),液滴捕获器(直径 50mm),分液漏斗(150mL),球形冷凝管(200mm),锥形瓶(500mL);一般实验室常用仪器和设备。

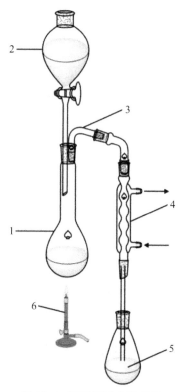

图 29-1　凯氏常量蒸馏装置

1—凯氏烧瓶;2—分液漏斗;3—液滴捕获器;4—冷凝器;5—吸收瓶;6—本生灯或者电炉

2. 试剂:无水乙醇,混合催化剂(硒粉 1 份、分析纯硫酸铜($CuSO_4 \cdot 5H_2O$)4 份、无水硫酸钾 30 份,按照比例混合后研磨至 100 目),浓硫酸(分析纯),硫酸标准溶液(0.1 mol/L),锌(颗粒状),硼酸溶液(0.2%),氢氧化钠溶液(40%),混合指示剂(将 0.1g 甲基红和 0.05g 亚甲基蓝溶于 100mL 95% 乙醇中)。

3. 材料:丁腈乳胶。

五、实验内容

(一)样品前处理

准确称量 1g 左右经乙醇凝聚并干燥的样品,置于干燥的凯氏烧瓶的底部,不要黏附在瓶颈上,加入 6.5g 混合催化剂和 20mL 硫酸,瓶口插一短颈漏斗将凯氏烧瓶倾斜地放置在通风橱内的电炉上,逐渐升温加热,保持微沸,直至溶液透明,再继续加热 60min,使样品消解完全。

待凯氏烧瓶内溶液冷却后用蒸馏水冲洗漏斗瓶颈,加蒸馏水至溶液体积为 250~300mL,然后加入约 0.5g 锌粒,立即塞好装有液滴捕获器和分液漏斗的橡皮塞,装上球形冷凝器通入冷凝水。在吸收瓶内加入 100mL 硼酸溶液及 3 滴混合指示剂,将冷凝器导管下端浸没在吸收液内。

经分液漏斗向凯氏烧瓶内加入 100mL 氢氧化钠溶液,用少量蒸馏水冲洗后关闭分液漏斗,再往分液漏斗中加入 50mL 蒸馏水。然后加热蒸馏,在稳定的蒸馏速度下收集约 200mL 馏出液,降低吸收瓶,用蒸馏水洗涤导管下端。

(二)测定

1. 样品滴定分析:用硫酸标准溶液滴定吸收液至刚刚出现淡紫色为终点,指示剂变色过程为亮绿—浅灰—淡紫。

2. 空白实验:测定的同时,以实验用水代替样品,按上述测定步骤进行空白实验。

(三)计算

按式(29-1)计算结合丙烯腈的质量分数 ω。

$$\omega = \frac{(V_1 - V_0) \times c \times 2 \times 0.053}{m} \times 100 \qquad (29-1)$$

式中:ω——样品中结合丙烯腈的质量分数,%;

V_1——样品消耗硫酸标准溶液的体积,mL;

V_0——空白实验消耗硫酸标准溶液的体积,mL;

c——硫酸标准溶液的浓度,mol/L;

m——经凝聚、干燥后的样品质量,g;

0.053——丙烯腈摩尔质量,kg/mol。

平行测定的两个结果之差不大于 0.50%。

六、数据记录与处理

请自行设计表格,并进行计算。

七、注意事项

混合催化剂配制和使用过程中需要在良好通风下进行,避免吸入粉尘和蒸气,防止皮肤与其直接接触。

八、相关标准

丁腈胶乳中结合丙烯腈含量的测定:SH/T 1503—2014。

九、思考题

1. 哪些因素会影响实验的测定?
2. 为什么选择混合指示剂?

41-文档

实验 30 水产品中孔雀石绿的测定

一、实验目的

1. 了解液相色谱-荧光检测器的基本结构和正确使用方法。
2. 掌握水产品中孔雀石绿的测定原理。

二、实验原理

孔雀石绿,分子式为 $C_{23}H_{25}ClN_2$,是一种有毒的三苯甲烷类化合物,既可作为染料,也可作为杀真菌、杀细菌、杀寄生虫的药物,常用作处理受寄生虫影响的淡水水产的药物,但是长期超量使用会有致癌性。

水产品中孔雀石绿的测定原理是:样品中残留的孔雀石绿用硼氢化钾还原为相应的代谢产物隐色孔雀石绿,用乙腈-乙酸铵混合液提取,再用二氯甲烷液-液萃取,固相萃取柱净化,反相色谱柱分离,荧光检测器检测,外标法定量。

三、预习要求

测定水产品中孔雀石绿的原理和注意事项,液相色谱仪荧光检测器的基本操作方法。

四、仪器和试剂

1. 仪器：高效液相色谱仪（配荧光检测器）；C18 液相色谱柱（250mm×4.6mm× 5μm）或其他等效柱；分析天平；匀浆机；离心机（4000r/min）；旋转蒸发仪；涡旋混匀器；固相萃取装置；一般实验室常用仪器和设备。

2. 试剂：除非另有说明，所用试剂均为分析纯，水为 GB/T 6682 规定的一级水。二氯甲烷（色谱纯）；乙腈（色谱纯）；硼氢化钾溶液（0.2mol/L，0.03mol/L）；二甘醇；冰醋酸；氨水；20%盐酸羟胺溶液；对甲苯磺酸溶液（0.05mol/L）；乙酸铵溶液（0.1mol/L，氨水调 pH 到 10.0）；乙酸铵溶液（0.125mol/L，冰醋酸调 pH 到 4.5）；酸性氧化铝固相萃取柱（500mg/3mL，使用前用 5mL 乙腈活化）；丙磺酸（PRS）柱（500mg/3mL，使用前用 5mL 乙腈活化）；酸性氧化铝（粒度 0.071～0.150mm）；孔雀石绿（MG）标准溶液（1mg/L，溶剂为乙腈）。

3. 材料：水产品（鱼、虾、螃蟹）。

五、实验内容

（一）样品制备

鱼去鳞、去皮，沿背脊取肌肉部分；虾去头、壳、肠腺，取肌肉部分；蟹、甲鱼等取可食部分。样品切为不大于 0.5cm×0.5cm×0.5cm 的小块后混合。

（二）样品前处理

1. 提取：称取 5.00g 样品于 50mL 离心管内，加入 10mL 乙腈，10000r/min 匀浆提取 30s，加入 5g 酸性氧化铝，振荡 2min，4000r/min 离心 10min，上清液转移至 125mL 分液漏斗中，在分液漏斗中加入 2mL 二甘醇、3mL 0.2mol/L 硼氢化钾溶液，振摇 2min。

另取 50mL 离心管，加入 10mL 乙腈，洗涤匀浆机刀头 10s，洗涤液移入前一离心管中，加入 3mL 0.2mol/L 硼氢化钾溶液，用玻棒捣散离心管中的沉淀并搅匀，涡旋混匀器上振荡 1min，静置 20min，4000r/min 离心 10min，上清液并入 125mL 分液漏斗中。

在 50mL 离心管中继续加入 1.5mL 盐酸羟胺溶液、2.5mL 对甲苯磺酸溶液、5.0mL 0.125mol/L 乙酸铵溶液，振荡 2min，再加入 10mL 乙腈，继续振荡 2min，4000 r/min 离心 10min，上清液并入 125mL 分液漏斗中，重复上述操作一次。

在分液漏斗中加入 20mL 二氯甲烷，盖上塞子，剧烈振摇 2min，静置分层，将下层溶液转移至 250mL 茄形瓶中。继续在分液漏斗中加入 5mL 乙腈、10mL 二氯甲烷，振摇 2min，把全部溶液转移至 50mL 离心管中，4000r/min 离心 10min，下层溶液合并至 250mL 茄形瓶中，45℃旋转蒸发至近干，用 2.5mL 乙腈溶解残渣。

2. 净化：将 PRS 柱安装在固相萃取装置上，上端连接酸性氧化铝固相萃取柱，用 5mL 乙腈活化，转移提取液到柱上，再用乙腈洗茄形瓶两次，每次 2.5mL，依次过柱，弃去酸性氧化铝柱。吹 PRS 柱近干，在不抽

42-视频

真空的情况下,加入 3mL 等体积混合的乙腈和乙酸铵溶液(0.1mol/L),收集洗脱液,乙腈定容至 3mL,过 0.45μm 滤膜,供液相色谱测定。

（三）测定

1.液相色谱参考条件:流动相为乙腈＋乙酸铵溶液(0.125mol/L,pH＝4.5)(体积比 80：20);流速为 1.3mL/min;柱温为 35℃;荧光检测器激发波长为 265nm,发射波长为 360nm;进样量为 20μL。

2.标准曲线的制作:临用时准确吸取一定量孔雀石绿标准溶液,加入 0.40mL 硼氢化钾溶液(0.03mol/L),用乙腈准确稀释至 2.00mL,配制适当质量浓度的标准工作溶液,线性范围为 0.010～0.200mg/L。

分别注入 20μL 标准工作溶液于液相色谱仪中,按上述仪器分析条件进行色谱分析,记录峰面积,根据标准品的保留时间定性,外标法定量。

3.空白实验:在测定的同时,以实验用水代替样品,按上述步骤进行空白实验。

4.样品测定:按照上述定量方法,将样品溶液进行进样分析,根据标准曲线计算样品溶液和空白实验中的孔雀石绿含量。

（四）计算

按式(30-1)计算样品中待测物质量比,结果保留两位有效数字。

$$\omega = (\rho - \rho_0)V/m \qquad (30-1)$$

式中:ω——样品中孔雀石绿的质量比,mg/kg;

ρ——样品溶液中孔雀石绿的质量浓度,mg/L;

ρ_0——空白实验中孔雀石绿的质量浓度,mg/L;

V——最终定容体积,mL;

m——样品质量,g。

六、数据记录与处理

请自行设计表格,并进行计算。

七、注意事项

1.液相色谱使用完毕后,需要进行系统清洗,先以水清洗,再以乙腈或甲醇清洗,并且将有机溶剂保留在系统中,避免滋生细菌。

2.进行固相萃取净化操作时,注意做好活化步骤。

八、相关标准

水产品中孔雀石绿和结晶紫残留量的测定 高效液相色谱荧光检测法:GB/T 20361—2006。

九、思考题

1.与紫外检测器相比,采用液相色谱荧光检测器的优点有哪些?

2.固相萃取操作过程的注意事项是什么?酸性氧化铝柱和 PRS 柱的作用分别是什么?

3.样品前处理过程中加入盐酸羟胺和对甲苯磺酸的作用是什么?

实验 31　大米中水分的测定

一、实验目的

1.掌握直接干燥法测定大米中水分的原理和方法。

2.掌握恒重的操作方法。

二、实验原理

利用食品中水分的物理性质,在 101.3kPa、101～105℃下采用挥发方法测定样品干燥减小的重量,包括吸湿水、部分结晶水和该条件下能挥发的物质,再通过干燥前后的称量数值计算水分的含量。

三、预习要求

恒重操作,直接干燥法的原理及操作方法。

四、仪器和试剂

1.仪器:扁形铝制或玻璃制称量瓶,电热恒温干燥箱,干燥器(内附有效干燥剂),分析天平,一般实验室常用仪器和设备。

2.试剂:实验用水为去离子水或蒸馏水。

五、实验内容

(一)样品分析

取洁净扁形铝制或玻璃制称量瓶,置于 101～105℃干燥箱中,瓶盖斜支于瓶边,加热 1.0h,取出盖好,置干燥器内冷却 0.5h,称量,并重复干燥至前后两次质量差不超过 2mg 即为恒重。将混合均匀的样品迅速磨细至颗粒小于 2mm,不易研磨的样品应尽可能切碎,准确称取 2～10g 样品,放入此称量瓶中,样品厚度不超过 5mm,如为疏松样品,厚度不超过 10mm,加盖。精密称量后置于 101～105℃干燥箱中,瓶盖斜支于瓶边,干燥 2～

4h 后盖好取出,放入干燥器内冷却 0.5h 后称量。然后再放入 101～105℃ 干燥箱中干燥 1h 左右,取出,放入干燥器内冷却 0.5h 后再称量。重复以上操作至前后两次质量差不超过 2mg 即为恒重。

注:两次恒重称量值在最后计算中取质量较小的一次称量值。

（二）计算

按式(31-1)计算样品中水分的质量分数,当结果≥1%时,保留三位有效数字,当结果<1%时,保留两位有效数字。

$$\omega = \frac{m_1 - m_2}{m_1 - m_3} \times 100 \qquad (31-1)$$

式中:ω——样品中水分的质量分数,%;

　　m_1——称量瓶和样品的质量,g;

　　m_2——称量瓶和样品干燥后的质量,g;

　　m_3——称量瓶的质量,g。

六、数据记录与处理

请自行设计表格,并进行计算。

七、注意事项

1. 称量前后两次质量差不超过 2mg,为恒重。
2. 干燥器的瓶盖需同干燥器一同放入干燥箱中。

八、相关标准

食品安全国家标准 食品中水分的测定:GB 5009.3—2016。

九、思考题

1. 为什么称量瓶的瓶盖需同称量瓶一同放入干燥箱中,如不放入会产生什么样的结果?
2. 为什么样品应尽量切碎呈疏松状? 如不疏松,会产生怎样的误差?

实验 32 水溶肥料总氮含量的测定 ——蒸馏后滴定法

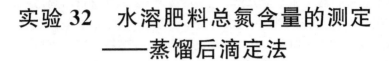

43-PPT

一、实验目的

1. 掌握蒸馏后滴定法测定水溶肥料中总氮含量的方法。
2. 掌握甲基红-亚甲基蓝混合指示剂的配制方法和变色范围。

二、实验原理

在碱性介质中用定氮合金将硝酸态氮还原，直接蒸馏出氨或在酸性介质中还原硝酸盐成铵盐，在混合催化剂存在下，用浓硫酸消化，将有机态氮或酰胺态氮和氰氨态氮转化为铵盐。从碱性溶液中蒸馏氨，将氨吸收在过量硫酸溶液中，在甲基红-亚甲基蓝混合指示剂存在下，用氢氧化钠标准溶液返滴定。

三、预习要求

掌握蒸馏后滴定法的原理及操作方法。

四、仪器和试剂

1. 仪器：1000mL 圆底蒸馏烧瓶和梨形玻璃漏斗；定氮蒸馏仪或具有相同功能的蒸馏装置；一般实验室常用仪器和设备。

2. 试剂：硫酸溶液（0.25mol/L）；盐酸；铬粉（细度小于 $250\mu m$）；定氮合金（50% Cu + 45% Al + 5% Zn，细度小于 $850\mu m$）；混合催化剂（硫酸钾和五水硫酸铜质量比为20∶1）；氢氧化钠溶液（400g/L）；氢氧化钠标准溶液（0.5mol/L），使用前需标定；甲基红-亚甲基蓝混合指示剂；广泛 pH 试纸；硅脂。

3. 材料：水溶肥料。

五、实验内容

(一)样品称量

准确称取 0.5～2g 样品于蒸馏烧瓶中，要求样品中总氮含量小于 235mg，硝酸态氮含量小于 60mg。

(二)样品处理与蒸馏

1. 仅含铵态氮的样品

(1)取样：于蒸馏烧瓶中加入 300mL 水，摇动使样品溶解，加入防爆沸颗粒，将蒸馏烧瓶连接在蒸馏装置上。

(2)蒸馏：于接收器中加入 40.0mL 硫酸溶液，4～5 滴混合指示剂，并加适量水，以保证封闭气体出口，将接收器连接在蒸馏装置上，蒸馏装置的磨口连接处应涂硅脂密封。通过蒸馏装置的滴液漏斗加入 20mL 氢氧化钠溶液，在溶液将流尽时加入 20～30mL 水冲洗漏斗，当漏斗中剩余 3～5mL 水时关闭活塞。开通冷却水，同时开启加热装置，沸腾时根据泡沫产生程度调节供热强度，避免泡沫溢出或液滴带出。蒸馏出至少 150mL 溶液，用 pH 试纸检查冷凝管出口的液滴，如无碱性结束蒸馏。

2.含硝酸态氮和铵态氮的样品：蒸馏烧瓶中加入 300mL 水，摇动使样品溶解，加入定氮合金 3g 和防爆沸颗粒，将蒸馏烧瓶连接在蒸馏装置上。

蒸馏过程除了加入 20mL 氢氧化钠溶液后静置 10min 再加热外，其余步骤同"仅含铵态氮的样品"检测方法中的"(2)蒸馏"步骤。

3.含酰胺态氮、氰氨态氮和铵态氮的样品：将蒸馏烧瓶置于通风橱中，小心加入 25mL 硫酸，插入梨形玻璃漏斗，置于加热装置上加热，至冒硫酸白烟 15min 后停止加热，待蒸馏烧瓶冷却至室温后小心加入 250mL 水。蒸馏过程除了加入 100mL 氢氧化钠溶液外，其余步骤同"仅含铵态氮的样品"检测方法中的"(2)蒸馏"步骤。

4.含有机物、酰胺态氮、氰氨态氮和铵态氮的样品：将蒸馏烧瓶置于通风橱中，加入 22g 混合催化剂，小心加入 30mL 浓硫酸，插入梨形玻璃漏斗，置于加热装置上加热。如泡沫很多，减少供热强度至泡沫消失，继续加热至冒硫酸白烟 60min 后或直到溶液透明后停止加热，待烧瓶冷却至室温后小心加入 250mL 水，蒸馏过程除了加入 120mL 氢氧化钠溶液外，其余步骤同"仅含铵态氮的样品"检测方法中的"(2)蒸馏"步骤。

5.含硝酸态氮、酰胺态氮、氰氨态氮和铵态氮的样品：在蒸馏烧瓶中加入 35mL 水，摇动使样品溶解，加入铬粉 1.2g，盐酸 7mL，静置 5～10min。插上梨形玻璃漏斗，将蒸馏烧瓶置于通风橱内的加热装置上，加热至沸腾并泛起泡沫后 1min，冷却至室温，小心加入 25mL 浓硫酸，继续加热至冒硫酸白烟 15min，待蒸馏烧瓶冷却至室温后小心加入 400mL 水。蒸馏过程中除加入 100mL 氢氧化钠溶液外，其余步骤同"仅含铵态氮的样品"检测方法中的"(2)蒸馏"步骤。

6.含有机物、硝酸态氮、酰胺态氮、氰氨态氮和铵态氮的样品或未知样品：蒸馏烧瓶中加入 35mL 水，摇动使样品溶解，加入铬粉 1.2g，盐酸 7mL，静置 5～10min。插上梨形玻璃漏斗，置蒸馏烧瓶于通风橱内的加热装置上，加热至沸腾并泛起泡沫后 1min，冷却至室温，加入 22g 混合催化剂，小心加入 30mL 硫酸，继续加热。如泡沫很多，减小供热强度至泡沫消失，继续加热至冒硫酸白烟 60min 后停止，待蒸馏烧瓶冷却至室温后小心加入 400mL 水。蒸馏过程中除加入 120mL 氢氧化钠溶液外，其余步骤同"仅含铵态氮的样品"检测方法中的"(2)蒸馏"步骤。

(三)滴定分析

用氢氧化钠标准溶液返滴定过量硫酸至混合指示剂呈现灰绿色为终点。

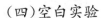

（四）空白实验

按照步骤（一）、（二）、（三），使用同样的试剂，但不含样品进行空白实验。

（五）核对实验

使用新制备的含100mg氮的硝酸铵，按照与样品测定相同的条件进行分析，计算并核对实验结果。核对实验用于讨论方法的可靠性。

（六）计算

总氮（N）的含量以质量分数（%）表示，按式（32-1）计算，结果保留两位小数。

$$\omega = \frac{(V_0 - V_1) \times c \times 0.01401}{m} \times 100 \qquad (32-1)$$

式中：ω——样品中总氮的质量分数，%；

　　V_0——空白实验时，使用氢氧化钠标准溶液的体积，mL；

　　V_1——测定时，使用氢氧化钠标准溶液的体积，mL；

　　c——测定样品及空白实验时使用的氢氧化钠标准溶液的浓度，mol/L；

　　m——样品质量，g；

　　0.01401——氮的摩尔质量，kg/mol。

六、数据记录与处理

请自行设计表格，并进行计算，根据核对实验结果讨论方法的可靠性。

七、注意事项

实验前需了解分析项目，不同样品操作步骤不同。制作催化剂需要在通风橱内进行。

八、相关标准

[1]复混肥料中总氮含量的测定 蒸馏后滴定法：GB/T 8572—2010。
[2]肥料总氮含量的测定：NY/T 2542—2014。

九、思考题

1.若氢氧化钠标准溶液滴定过量会产生怎样的误差？误差偏大还是偏小？
2.请思考核对实验的意义。

实验 33 维生素类药物的定性实验

一、实验目的

1.熟悉几种常见维生素类药物的结构特点、基本理化性质和药物特性。了解其鉴别方法,并能进行定性鉴别。

2.了解药物性质与分析方法之间的关联。

二、实验原理

维生素是维持人体正常代谢功能所必需的微量营养物质,人体不能合成维生素。根据其溶解性可以分为脂溶性维生素和水溶性维生素,脂溶性维生素主要有维生素 A、D、E 和 K 等,水溶性维生素主要有维生素 B 族(维生素 B_1、B_2、B_6、B_{12})、维生素 C、烟酸、烟酰胺和叶酸等。

44-PPT

根据维生素类药物的分子结构式,不同的官能团可以与特定的化合物产生明显的显色反应、沉淀反应等现象,用于药物的定性鉴别。

三、预习要求

1.预习常见维生素类化合物的基本理化性质和结构式。

2.预习常见维生素类化合物的定性鉴别方法。

四、仪器和试剂

1.仪器:水浴箱、试管、量筒、酒精灯等一般实验室常用仪器和设备。

2.试剂:三氯甲烷;25%三氯化锑的三氯甲烷溶液;铁氰化钾试液(0.1g/mL);氢氧化钠试液;乙醇;正丁醇;硝酸银试液;2,6-二氯靛酚钠试液(0.1%)等。注:第 5 部分试液的配制方法见《中华人民共和国药典》通则 8002。

3.材料:维生素 A、维生素 B、维生素 C、维生素 E 标准品、片剂或胶囊。

五、实验内容

(一)维生素 A 的鉴别

1.维生素 A 为淡黄色油溶液或结晶与油的混合物(加热至 60℃应为澄清溶液),无臭,在空气中易氧化,遇光易变质。维生素 A 与三氯甲烷、乙醚、环己烷或石油醚能任意混合,在乙醇中微溶,在水中不溶。

2.取样品 1 滴,加三氯甲烷 10mL,振摇使之溶解;取 2 滴,加三氯甲烷 2mL 与 25％三氯化锑的三氯甲烷溶液 0.5mL,即显蓝色,渐变成紫红色。

45-视频

(二)维生素 B_1 的鉴别

1.取样品约 5mg,加氢氧化钠试液 2.5mL,溶解后加铁氰化钾试液 0.5mL 与正丁醇 5mL,强力振摇 2min,放置使分层,上面的醇层显强烈的蓝色荧光;加酸使成酸性,荧光即消失;再加碱使呈碱性,荧光又显现。

2.取样品溶液,加稀硝酸成酸性后,滴加硝酸银试液,即生成白色凝乳状沉淀,分离,沉淀加氨试液即溶解,再加稀硝酸酸化后,沉淀复生成。

如样品为维生素 B_1 片,则取片粉适量,加蒸馏水搅拌使溶解,过滤,蒸干滤液,取残渣按照上述方法实验。

(三)维生素 C 的鉴别

取样品约 0.2g,加入 10mL 蒸馏水,最好是新沸冷水,溶解,分成两等份,一份中加硝酸银试液 0.5mL,即生成银的黑色沉淀,另一份中加 2,6-二氯靛酚钠试液 1～2 滴,溶液的颜色即消失。

如样品为维生素 C 片,则取片粉适量(约相当于 0.2g 维生素 C),加蒸馏水 10mL 搅拌溶解,过滤后,取滤液按照上述方法实验。

(四)维生素 E 的鉴别

取样品约 30mg,加无水乙醇 10mL,溶解后加硝酸 2mL,摇匀,在 75℃加热约 15min,溶液显橙红色。

六、数据记录与处理

1.写出各药物中每个实验的简要步骤(加什么试剂、反应条件等)以及产生的现象。
2.简要解释各鉴别反应是利用药物的什么性质和哪些官能团或结构而进行的。

七、注意事项

维生素 A 的鉴别反应需在无水、无醇条件下进行,因为水可使三氯化锑水解成氯化氧锑(SbOCl),而乙醇可以和碳正离子作用使其正电荷消失。

八、相关标准

中华人民共和国药典(2020 版)。

九、思考题

1. 简述维生素类化合物的生理意义。
2. 如何准确测定维生素类化合物的含量?
3. 各鉴别反应是利用药物的哪些性质、哪些结构或基团进行的?
4. 维生素 C 加入碱性酒石酸铜,生成的红色沉淀是什么,反应原理是什么?

实验 34　几种有机药物的定性实验

一、实验目的

1. 熟悉几种常见有机药物的结构特点、基本理化性质和药物特性,了解其鉴别方法,并能进行定性鉴别。
2. 熟悉有机药物官能团反应在药物定性鉴别中的作用。

二、实验原理

鉴别是根据药物的化学结构和理化性质,进行某些化学反应,测定某些理化常数或者光谱特征,从而判断药物的真伪。药物鉴别包括性状鉴别、一般鉴别实验和专属鉴别实验。一般鉴别依据某一类药物组成中的阴离子和阳离子的特殊反应或典型的有机官能团反应,根据鉴别的原理不同,可以分为化学鉴别法、光谱鉴别法和色谱鉴别法。化学鉴别法有呈色反应法、沉淀生成反应法、荧光反应法、气体生成反应法、测定生成物的熔点等。

46-视频

三、预习要求

1. 预习常见的有机药物的基本理化性质和结构式。
2. 预习常见有机药物的定性鉴别方法。

四、仪器和试剂

1. 仪器:水浴箱、试管、量筒、酒精灯等一般实验室常用仪器和设备。
2. 试剂:三氯化铁试液(90g/L);碱性 β-萘酚试液(β-萘酚 0.25g,加 10% 氢氧化钠溶液 10mL);碳酸钠试液;稀硫酸(10%);10% 氢氧化钠溶液;亚硝酸钠溶液(0.1mol/L);亚硝基铁氰化钠;碳酸钠;乙酸铵;异烟肼;甲醇;氯化三苯四氮唑试液(氯化三苯四氮唑 1g,加无水乙醇使溶解成 200mL)等。
3. 材料:对乙酰氨基酚、阿司匹林、盐酸普鲁卡因、黄体酮、醋酸泼尼松、磺胺嘧啶标准品或片剂。

五、实验内容

(一)对乙酰氨基酚

1. 取样品约 10mg,加蒸馏水 1mL 溶解,然后加入三氯化铁试液 1～2 滴,即显示蓝紫色。

2. 取样品约 0.1g,加稀盐酸 5mL,置水浴中加热 40min,放冷;取 0.5mL,滴加亚硝酸钠试液 5 滴,摇匀,用 3mL 水稀释后,加碱性 β-萘酚试液 2mL,振摇,即显红色。

如样品为对乙酰氨基酚片,可取片粉(约相当于 0.5g 对乙酰氨基酚),用 20mL 乙醇分次研磨使对乙酰氨基酚溶解,过滤,合并滤液,经水浴蒸干,取残渣按照上述方法进行实验。

(二)阿司匹林

1. 取样品约 0.05g,加水 5mL,煮沸,放冷,加三氯化铁试液 1 滴,即显紫堇色。

2. 取样品约 0.5g,加碳酸钠试液 10mL,煮沸 2min 后放冷,加过量的稀硫酸,即析出白色沉淀,并发出乙酸的气味。若样品为片剂,则加碳酸钠试液后振荡并放置 5min,经过滤后再进行煮沸后步骤。

若样品为阿司匹林片,将片剂研磨成粉后称取。

(三)盐酸普鲁卡因

1. 取样品约 0.1g,加 2mL 水,溶解后加 10％氢氧化钠溶液 1mL,即生成白色沉淀;加热,变为油状物;继续加热,发生的蒸汽能使湿润的红色石蕊试纸变为蓝色;加热至油状物消失后,放冷,加盐酸酸化,即析出白色沉淀。

2. 取样品约 0.05g,加 4mL 水,溶解后依次加稀盐酸 1mL,亚硝酸钠溶液(0.1mol/L)数滴,以及与 0.1mol/L 亚硝酸钠溶液等体积的 1mol/L 脲溶液,振摇 1min,然后再加碱性 β-萘酚试液数滴,即呈猩红色沉淀。

若样品为盐酸普鲁卡因注射液,第 1 个实验需对注射液进行浓缩,第 2 个实验直接取注射液 1～2mL 进行测定即可。

(四)黄体酮

1. 取样品约 5mg,加甲醇 0.2mL,溶解后加亚硝基铁氰化钠的细粉约 3mg、碳酸钠与乙酸铵各约 50mg,摇匀,放置 10～30min,应显蓝紫色。

2. 取样品约 0.5mg,加异烟肼约 1mg 与甲醇 1mL,溶解后加稀盐酸 1 滴,即显黄色。

(五)醋酸泼尼松

1. 取样品约 1mg,加乙醇 2mL 使溶解,然后加入 10％氢氧化钠溶液 2 滴与氯化三苯四氮唑试液 1mL,即显红色。

2. 取样品约 5mg,加硫酸 1mL 使溶解,放置 5min,即显橙色;将此溶液倾入 10mL 水中,即变成黄色,渐渐变为蓝绿色。

若样品为片剂,则取样品的细粉适量(相当于醋酸泼尼松 50mg),加乙醇 10mL 使溶解,过滤,取滤液进行第 1 个实验。第 2 个实验则加样品细粉溶解于硫酸后进行。

(六)磺胺嘧啶

1.取样品约 50mg,加水 10mL 振摇溶解,加稀盐酸 1mL,必要时缓缓煮沸使溶解,放冷,加亚硝酸钠溶液(0.1mol/L)数滴,再加与亚硝酸钠溶液等体积的 1mol/L 脲溶液,振摇 1min,最后滴加碱性 β-萘酚试液数滴,即生成红色沉淀。

2.取样品约 0.1g,加水与 0.4%氢氧化钠溶液各 3mL,振摇使溶解,过滤,取滤液,加硫酸铜试液 1 滴,即生成黄绿色沉淀,放置后变为紫色。

若样品为片剂,则取样品的细粉适量(相当于磺胺嘧啶 50mg),按照上述步骤进行。

六、数据记录与处理

1.写出各药物中每个实验的简要步骤(加什么试剂、反应条件等)以及产生的现象。
2.各鉴别反应是利用药物的什么性质、哪些官能团或结构而进行的?

七、相关标准

中华人民共和国药典(2020 版)。

八、思考题

1.药物鉴别的意义是什么? 药品质量标准中常用的鉴别方法有哪些?
2.什么是一般鉴别实验,什么是特殊鉴别实验? 举例说明。
3.本实验中的鉴别方法分别属于化学鉴别法中的哪一种? 举例说明化学方法中常见的显色反应鉴别法及应用案例。
4.如何综合评价一个药物,在进行药物鉴别后还应做哪些实验?

实验 35　薄层色谱法鉴别几种药物

一、实验目的

1.熟悉几种常见有机药物的结构特点、基本理化性质和药理特性。了解其鉴别方法,并能进行定性鉴别。
2.熟悉薄层色谱法在药物定性鉴别中的作用。

二、实验原理

薄层色谱法的原理是,将样品点在色谱滤纸或层析板的一端,并将该端浸在作为流动相的溶剂(常称之为展开剂)中,随着溶剂向上的移动,经过样品点时,带动样品向上运动,流动相的移动是依靠毛细管作用往上进行的。当样品在薄层板上完成展开后,分析者检视所得的色谱图,与适宜的对照物按同法所得的色谱图作对比,用于药品的鉴别或杂质检查。

47-视频

本实验选取了丁香、薄荷、八角茴香三种中药材和氧氟沙星等化学药品,使用薄层色谱法可对其主要有效成分进行鉴定。

在薄层色谱系统适用性实验时,经常会用比移值(R_f)来进行物质定性鉴别。R_f 的计算公式如下:

$$R_f = \frac{斑点中心移动的距离}{溶剂前沿移动的距离} \tag{35-1}$$

在固定的分析条件下,某一物质的比移值是不变的,因此在鉴别时,可用样品溶液主斑点的比移值与对照品溶液主斑点的比移值进行比较,从而进行定性鉴别。除另有规定外,比移值 R_f 应为 0.2~0.8。为了消除系统误差,也可以采用相对比移值,相对比移值指被测组分的比移值与参照组分的比移值之比。

三、预习要求

预习几种中药材和有机药物的基本理化性质和结构式,预习薄层色谱法的原理和操作方法。

四、仪器和试剂

1. 仪器:市售硅胶 G 薄层板(可选取规格为 5cm×20cm),定量毛细管,点样器(微量注射器),薄层色谱展开缸,光源,浸渍缸,检视装置,薄层色谱扫描仪,滴管、烧杯等一般实验室常用仪器和设备。

2. 试剂:显色剂,乙醚,石油醚,乙酸乙酯,甲苯,香草醛硫酸溶液(香草醛 0.2g,加硫酸 10mL)-乙醇(1+4)混合溶液,间苯三酚盐酸试液(间苯三酚 0.1g,加乙醇 1mL,再加盐酸 9mL),乙醇,丙酮,盐酸溶液(0.1mol/L),丁香酚,薄荷脑对照品,氧氟沙星,环丙沙星,青蒿素等。

3. 材料:丁香、薄荷、八角茴香、青蒿素等。

五、实验内容

(一)丁香的鉴别

取样品粉末 0.5g,加乙醚 5mL,振摇数分钟后过滤,滤液作为样品溶液。另取丁香酚对照品,加乙醚制成每毫升含 16μL 丁香酚的溶液,作为对照品溶液。吸取上述两种溶液各 5μL,分别点于同一硅胶 G 薄层板上,以石油醚-乙酸乙酯(9+1)为展开剂,展开后取出晾干,喷以 5％香草醛硫酸溶液,在 105℃温度下加热至斑点显色清晰。样品色谱中,在与对照品色谱相应的位置上显相同颜色的斑点。

(二)薄荷的鉴别

取样品粗粉 1g,加无水乙醇 10mL,超声处理 20min,过滤,取滤液作为样品溶液。另取薄荷对照药材 1g,同法制成对照药材溶液。再取薄荷对照品,加无水乙醇制成质量浓度为 2mg/mL 的溶液,作为对照品溶液。吸取上述三种溶液各 5～10μL,分别点于同一硅胶 G 薄层板上,以甲苯-乙酸乙酯(9∶1)为展开剂,展开后取出晾干,喷以 2％对二甲氨基苯甲醛的 40％硫酸乙醇溶液,在 80℃加热至斑点显色清晰,置紫外光灯(365nm)下检视。样品色谱中,在与对照药材色谱和对照品色谱相应的位置上显相同颜色的荧光斑点。

(三)八角茴香的鉴别

分别取样品粉末和八角茴香对照药材各 1g,加石油醚-乙醚(1＋1)混合溶液 15mL,密塞,振摇 15min 后过滤,滤液挥干,残渣加无水乙醇 2mL 使溶解,作为样品溶液和八角茴香对照溶液。吸取上述溶液 2μL,点于硅胶 G 薄层板上,挥干,再点加间苯三酚盐酸试液 2μL,即显粉红色至紫红色的圆环。

另取茴香醛对照品,加无水乙醇稀释 100 倍,作为茴香醛对照品溶液。按照薄层色谱法实验,分别吸取样品溶液、八角茴香对照溶液和茴香醛对照品溶液各 5～10μL,分别点于同一硅胶 G 薄层板上,以石油醚(30～60℃)-丙酮-乙酸乙酯(19＋1＋1)为展开剂,展开后取出晾干,喷以间苯三酚盐酸试液。可观察到样品色谱中,在与对照药材和茴香醛对照品色谱相应的位置上,显相同的橙色至橙红色斑点。

(四)氧氟沙星的鉴别

取样品与氧氟沙星对照品适量,分别加 0.1mol/L 盐酸溶液适量(每 5mg 氧氟沙星加 0.1mol/L 盐酸溶液 1mL)使溶解,用乙醇稀释制成质量浓度各为 1g/L 的样品溶液与对照品溶液。取氧氟沙星对照品与环丙沙星对照品适量,加 0.1mol/L 盐酸溶液适量溶解,用乙醇稀释制成每毫升约含氧氟沙星 1mg 与环丙沙星 1mg 的溶液,作为系统适用性溶液。

吸取上述三种溶液(样品、对照品、系统适用性溶液)各 2μL,分别点于同一硅胶 G 薄层板上,以乙酸乙酯-甲醇-浓氨溶液(5＋6＋2)为展开剂,展开后取出晾干,置紫外光灯(254nm 或 365nm)下检视。系统适用性溶液应显两个完全分离的斑点,样品溶液所显主斑点的位置和颜色应与对照品溶液主斑点的位置和颜色相同。

(五)青蒿素的鉴别

分别取样品和青蒿素对照品适量,加二氯甲烷溶解并稀释制成质量浓度各为 3g/L 的样品溶液和对照品溶液。吸取上述两种溶液各 5μL,分别点于同一硅胶 G 薄层板上,

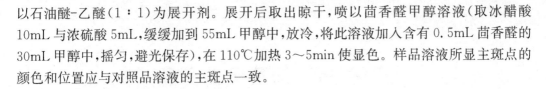

以石油醚-乙醚（1∶1）为展开剂。展开后取出晾干，喷以茴香醛甲醇溶液（取冰醋酸10mL与浓硫酸5mL，缓缓加到55mL甲醇中，放冷，将此溶液加入含有0.5mL茴香醛的30mL甲醇中，摇匀，避光保存），在110℃加热3～5min使显色。样品溶液所显主斑点的颜色和位置应与对照品溶液的主斑点一致。

六、数据记录与处理

1.写出各鉴别实验的简要步骤以及产生的现象。

2.各鉴别反应是利用药物的什么性质、哪些官能团或结构而进行的？

七、注意事项

1.未作特殊说明，本实验的石油醚应选择沸程60～90℃的规格。

2.薄层板在使用前均应进行活化，在110℃下活化30min，活化后的薄层板应立即置于有干燥剂的干燥器中保存。保存时间不宜过长，最好随用随制，放入干燥箱中保存仅作为使用前的一种过渡。

3.样品溶液的制备：溶剂选择是否适当会影响点样原点及分离后斑点的形状，一般应选择极性小的溶剂；只有在样品极性较大，薄层板的活性较大时，才选择极性大的溶剂。除特殊情况外，样品溶液的浓度要适宜，最好控制在使点样量不超过10μL（高效薄层板点样量不超过5μL）。

4.点样：由于薄层板样品容积的负荷量极为有限，点样量不可过多，过多可造成原点"超载"，展开剂产生绕行现象，造成斑点拖尾。点样速度要快，在空气中点样以不超过10min为宜，以减少薄层板和大气的平衡时间。点样时必须注意勿损坏薄层表面，待溶剂挥散后方可展开。

5.点样环境：实验环境的相对湿度和温度对薄层分离效果有较大的影响（一般要求实验室相对湿度在65%以下）。

八、相关标准

中华人民共和国药典（2020版）。

九、思考题

1.在一般鉴别中，如何进行样品称量，是否需要精确称量？

2.薄层色谱法在药物鉴别中，除可以鉴别主成分外，是否也可以鉴别杂质？

3.对于薄层板有什么普遍的要求？

4.点样时应该怎么操作才会有较好的显示效果，点样直径一般为多少？点间距离一般为多少？

实验 36　葡萄糖的分析

一、实验目的

1. 掌握葡萄糖注射液中葡萄糖含量的测定原理。
2. 掌握药物中一般杂质的检查原理与实验方法。
3. 熟悉葡萄糖中杂质限量检查的概念及计算方法。
4. 了解药物分析中一般杂质的检查项目与意义。

二、实验原理

葡萄糖分子中含五个羟基和一个醛基,是己醛糖,结构中有 4 个碳原子是手性碳原子,D-葡萄糖是其中之一,其费歇尔投影式中,4 个手性碳原子中除 C-3 上的—OH 在左边外,其他 3 个手性碳原子上的—OH 都在右边。D-葡萄糖有开链结构和环形结构,环形结构又有 α-及 β-异构体,三种形式在溶液中可以相互转化,由于三者形成平衡体系过程中的比旋度变化导致葡萄糖有变旋现象。一定条件下的旋光度是旋光物质的特征常数,因此测定

48-视频

葡萄糖的比旋度具有初步鉴别及估测纯度的意义。

比旋度是指在一定波长与温度下,偏振光透过长 1dm 且含有旋光性物质的质量浓度为 1g/mL 的溶液时测定的旋光度,它可用于鉴别药物、检查药物纯度和测定含量。

本实验除了检查葡萄糖的含量以外,还检查氯化物、蛋白质、钡盐等一般杂质,以控制药品中杂质的量。

三、预习要求

1. 预习药物一般杂质检测的项目和意义。
2. 预习葡萄糖的基本理化性质和结构式。
3. 预习旋光仪的原理和操作方法。

四、仪器和试剂

1. 仪器:25mL 比色管,50mL 比色管,托盘天平,移液管,旋光仪,滴管,烧杯等一般实验室常用仪器和设备。
2. 试剂:葡萄糖(AR),蒸馏水,氨试液(浓氨溶液 400mL,加水定容至 1000mL)等。
3. 材料:约 10% 葡萄糖注射液,市售葡萄糖。

五、实验内容

（一）葡萄糖注射液中葡萄糖含量的测定

1. 标准曲线的制作：

（1）标准葡萄糖溶液的配制：分别称取葡萄糖 0.75，1.75，2.75，3.75，4.75g，在烧杯中加水溶解，转入 50mL 容量瓶中，于每份中加入氨试液 0.1mL，用蒸馏水稀释定容至刻度，摇匀，放置 10min，即得到质量浓度为 15，35，55，75，95mg/mL 的葡萄糖（$C_6H_{12}O_6 \cdot H_2O$）标准溶液。

49-视频

（2）标准溶液的测定：先用蒸馏水校正旋光仪的零点，再将五种不同浓度的标准溶液分别装入仪器自带的测定管中，依法测定其旋光度（α）。

（3）标准曲线的绘制：根据五份标准溶液所测得的旋光度，以旋光度为纵坐标，质量浓度为横坐标绘制 $\alpha-c$（旋光度-质量浓度）曲线。

2. 样品试液的测定：

（1）样品试液的配制：精密量取 10% 葡萄糖注射液 25mL 于 50mL 容量瓶中，加氨试液 0.1mL，用蒸馏水稀释至刻度，摇匀，放置 10min。

（2）样品试液的测定：将样品试液装入仪器自带的测定管中，在已校好零点的旋光仪上测定旋光度。根据旋光度，从标准曲线上查出样品试液葡萄糖的含量，并计算出葡萄糖注射液的百分比浓度和标示量的百分比。

（二）性状

比旋度的测定：取样品约 10g，精密称量，置于 100mL 容量瓶中，加水适量与氨试液 0.2mL，溶解后，用水稀释至刻度，摇匀，放置 10min，在 25℃ 时，测定比旋度，记录数据。

比旋度应为 +52.6°～+53.2°。按式（36-1）计算比旋度。

$$[\alpha]_D^t = \frac{100 \times \alpha}{L \times c} \tag{36-1}$$

式中：$[\alpha]_D^t$——一定温度、一定波长下的比旋度；

D——钠光谱的 D 线，589.3nm；

α——旋光度；

L——测定管长度，dm；

c——葡萄糖溶液质量浓度，g/100mL。

（三）鉴别

1. 取样品约 0.2g，加水 5mL 溶解后，缓缓滴入微温的碱性酒石酸铜试液中，立即生成氧化亚铜红色沉淀。

2.取干燥失重下的样品适量,与标准品进行红外光谱对照。

(四)检查

根据中国药典葡萄糖的杂质检测项目有 16 项,本实验选择若干项进行操作。

1.酸度:取样品 2.0g,加水 20mL 溶解后,加酚酞指示剂 3 滴与氢氧化钠滴定液(0.02mol/L)0.20mL,溶液应显粉红色。

2.溶液的澄清度与颜色:

(1)水溶液的澄清度与颜色:取样品 5.0g,加热水溶解后,放冷,用水稀释至 10mL,溶液应澄清无色;如显浑浊,与 1 号浊度标准液比较,不得更浓;如显色,与对照液(取比色用氯化钴溶液 3.0mL、比色用重铬酸钾溶液 3.0mL 与比色用硫酸铜溶液 6.0mL,加水稀释成 50mL)1.0mL 加水稀释至 10mL 比较,不得更深。

(2)乙醇溶液的澄清度:取样品 1.0g,加乙醇 20mL,置水浴上加热回流约 40min,溶液应澄清。

3.氯化物测定:取样品 0.60g,加水溶解成 25mL 溶液(若为碱性,可滴加硝酸使成中性),再加稀硝酸 10mL;溶液如不澄清,应过滤;将上述溶液转移至 50mL 比色管中,摇匀,即得样品溶液。于样品溶液中加入硝酸银试液 1.0mL,用水稀释至 50mL,摇匀,暗处放置 5min。同时取氯化钠标准溶液 6.0mL,加入 1.0mL 硝酸银试液,并加水至 50mL,制成对照液。将样品溶液与对照液比较,不得更浓(0.01%)。

4.亚硫酸盐与可溶性淀粉:取样品 1.0g,加水 10mL,溶解后加碘试液 1 滴,应即显黄色。

5.蛋白质:取样品 1.0g,加水 10mL,溶解后加磺基水杨酸溶液(取 1g 用水定容到 5mL)3mL,不得发生沉淀。

6.钡盐:取样品 2.0g,加水 20mL,溶解后溶液分成两等份,一份中加稀硫酸 1mL,另一份中加水 1mL,摇匀,放置 15min,两液均应澄清。

六、数据记录与处理

请自行设计表格,并进行计算。对于定性实验要求写出实验的简要步骤(加什么试剂、反应条件等)以及产生的现象,并解释反应原理。

七、注意事项

1.新配制的葡萄糖溶液会发生变旋现象,溶液在 pH<3 或 pH>7 时,变旋速度都可以加快,故常加入一定量的氨试液,以促进其变旋现象稳定。经高压灭菌并长时间放置的葡萄糖注射液,其变旋现象已达平衡,可不加氨试液,即可测定。但本次测定实验中因有稀释,故仍应按比例加入氨试液,并放置 10min,以使旋光稳定后再行测定。

2.溶液测定前,应先用蒸馏水校正零点,测定后再校正一次,以确定在测定时零点有无变化,若第二次校正零点有变化,则应重新测定溶液旋光度。

3.在一般杂质鉴定的时候,要注意平行操作,即标准品与样品必须同时进行实验,加入试剂量等均应一致。观察时,两管受光照的程度应一致,使光线从正面照入,比色时置于白色背景上,比浊时置于黑色背景上,自上而下观察。

八、相关标准

中华人民共和国药典(2020版)。

九、思考题

1.测定旋光度时光通路上为什么不能有气泡?测定一定浓度的糖溶液的旋光度时,能否配制好后立即测定,为什么?若用2dm长的盛液管测得某旋光纯物质的比旋度为+20°,试计算具有80%旋光纯度的该物质的溶液(20g/mL)的实测旋光度。

2.葡萄糖的检查项目中哪些属于一般杂质,哪些属于特殊杂质?两者有何区别?

实验37 UV三点校正法测定维生素A软胶囊的含量

一、实验目的

1.掌握检查软胶囊剂装量差异的方法。

2.掌握UV三点校正法的原理和维生素A含量的测定方法。

3.了解紫外分光光度计的使用方法。

二、实验原理

维生素A为具有一个共轭多烯醇侧链的环己烷,其中有多个不饱和键,性质不稳定,易被氧化,易被紫外光裂解,对酸不稳定。其乙酸酯比维生素A稳定,临床上一般将维生素A乙酸酯或其棕榈酸溶于植物油中应用。因此,维生素A及其制剂的保存除需置于阴暗处密封外,还需充氮或加入合适的抗氧剂。维生素A与氯仿、乙醚、环己烷或石油醚能任意混合,在乙醇中微溶,在水中不溶。

由于维生素A制剂中含有稀释用油,维生素A原料药中混有其他杂质,采用紫外-可见分光光度法测得的吸光度不是维生素A独有的吸收。因此,需要对其校正后才能获得准确数据。

本法是在三个波长处测定吸光度,根据校正公式计算吸光度A校正值后,再计算含量,故称为三点校正法。主要原理如下:

50-视频

1. 杂质的无关吸收在 310～340nm 波长范围内几乎呈一条直线,且随波长的增加,吸光度下降。

2. 物质对光吸收呈加和性,即在某一个样品的吸收曲线上,各波长处的吸光度是维生素 A 与杂质吸光度的代数和,因而吸收曲线也是两者的叠加。

测定维生素 A 及其制剂中维生素 A 的含量,以单位(IU)表示,每单位相当于全反式维生素 A 乙酸酯 $0.344\mu g$ 或全反式维生素 A 醇 $0.300\mu g$。

三、预习要求

1. 预习 UV 三点校正法的计算方法。
2. 预习维生素 A 的基本理化性质和结构式。
3. 预习紫外-可见分光光度计的原理和操作方法。

四、仪器和试剂

1. 仪器:50mL 烧杯、注射器、刀片、镊子、分析天平、紫外-可见分光光度计、100mL 容量瓶、滴管、烧杯等一般实验室常用仪器和设备。

2. 试剂:蒸馏水、环己烷、乙醚等。

3. 材料:维生素 A 软胶囊(规格:2.5 万单位/粒)。

五、实验内容

(一)软胶囊内容物装量差异校查

取样品 20 粒,分别精密称量后,倾出内容物,用乙醚逐个洗涤囊壳三次,置于 50mL 烧杯中,再用乙醚浸洗 1～2 次。置于通风处使溶剂挥尽,再分别精密称量囊壳质量,通过差量求出每粒内容物的装量与平均装量。

(二)样品溶液的制备与测定

取维生物 A 软胶囊内容物,精密称量,用环己烷稀释制成 1mL 中含维生素 A 9～15 单位的溶液,按照紫外-可见分光光度法,测定其最大吸收峰的波长。在表 37-1 所列各波长处测定吸光度,计算各波长处吸光度与 328nm 波长处吸光度的比值。

表 37-1 各波长处吸光度与 328nm 波长处吸光度的比值

波长/nm	300	316	328	340	360
吸光度比值	0.555	0.907	1.000	0.811	0.299

如果最大吸收峰波长在 326～329nm 之间,且测得的各波长吸光度比值不超过表 37-1 中规定值的 ±0.02,可直接用测定的吸光度进行含量计算。

如果吸收峰波长在 326～329nm 之间,但所测得的各波长吸光度比值超过表 37-1 中规定的±0.02,应按式(37-1)求出校正后的吸光度,然后再计算含量。

$$A_{328(校正)}=3.52\times(2A_{328}-A_{316}-A_{340})\qquad(37-1)$$

如果在 328nm 处的校正吸光度与未校正吸光度相差不超过±3.0%,则不用校正,仍以未经校正的吸光度计算含量。

如果校正吸光度与未校正吸光度相差−15%～−3%,则以校正吸光度计算含量。

如果校正吸光度超出未校正吸光度的−15%～−3%,或者吸收峰波长不在 326～329nm 之间,则样品需按皂化提取法进行含量测定。参照《中华人民共和国药典》(2020版)通则 0721 维生素 A 测定法。

(三)计算

1.装量差异检查:每粒的装量与平均装量相比较(有标示装量的胶囊剂,每粒装量应与标示装量比较),超出装量差异限量的不得多于 2 粒,并不得有 1 粒超出限量的 1 倍。软胶囊内容物装量差异限量见表 37-2。

表 37-2　软胶囊内容物装量差异限量

平均装量	装量差异限量
0.3g 以下	±10%
0.3g 及 0.3g 以上	±7.5%

2.维生素 A 含量计算公式如下:

$$相对标示量(\%)=\frac{A_{328}\times1900\times m}{m_1/V\times100\times标示量}\times100\qquad(37-2)$$

式中:1900——维生素 A 效价的换算因子;

m——每丸软胶囊内容物平均装量,g/粒;

m_1——样品质量,g;

V——样品稀释定容体积,mL;

A_{328}——328nm 波长下的吸光度;

标示量——样品的实际标示规格,IU。

六、数据记录与处理

(一)装量差异检查

请自行设计表格,并进行计算。

(二)含量测定

每粒维生素 A 的含量应为标示量的 90.0%～120.0%,将实验结果填入表 37-3 中。

表 37-3　实验数据

波长/nm	300	316	328	340	360
吸光度比值	0.555	0.907	1.000	0.811	0.299
吸光度测定值 A_i					
A_i/A_{328}					
比值差值					
校正后吸光度 $A_{校正}$					
V/mL					
m/g					
m_1/g					
相对标示量/%					

七、注意事项

1. 维生素 A 乙酸酯的吸光度校正公式是用直线方程式法（即代数法）推导而来的；维生素 A 醇的吸光度校正公式是用相似三角形法（几何法）推导而来的。

2. 在应用三点校正法时，除其中一点在最大吸收波长处测定外，其余两点均在最大吸收峰的两侧进行测定。如果仪器波长精度不准确，会产生较大误差。因此，在测定前务必校正波长，并可用全反式维生素 A 进行测定，比较测定结果和比值是否与对照品相符合，以进一步核对仪器波长是否准确。测定的样品应不得少于两份。

3. 在含量测定时胶囊要尽量洗干净，避免内容物残留，使粒重不准确。由于所取的样品非常小，所以用于收集样品的小烧杯一定要用溶剂洗涤多次，洗涤液合并倒入容量瓶中，容量瓶口也要冲洗以使样品全部转入。

4. 在测定不同波长下的吸光度时，每一次都要用溶剂空白进行调零。

八、相关标准

[1]中华人民共和国药典（2020 版）。

[2]食品安全国家标准 食品添加剂 维生素 A：GB 14750—2010。

九、思考题

1. 操作为何应在半暗室中快速进行？

2. 计算式中"1900"的含义是什么？它是如何导出的？

3. 按下列操作步骤制备样品溶液，应取软胶囊内容物多少克（已知胶囊内容物平均质量为 m）？

精密称取软胶囊内容物 xg,置于 10mL 容量瓶中。加环己烷稀释至刻度,摇匀,再量取 0.1mL,置于另一 10mL 容量瓶中,加环己烷稀释至刻度,摇匀,即得样品溶液中含维生素 A 9～15IU/mL。

4.维生素 A 含量除了可以用 UV 三点校正法测定以外,还可以用什么方法进行定量测定? 请讨论方法的优缺点。

5.如果校正吸光度超出未校正吸光度的 −15%～−3%,或者吸收峰波长不在 326～329nm 之间,则应该按照哪种方法进行测量?

实验 38　复方利血平片中有效成分的测定

一、实验目的

1.掌握复方利血平片的一般理化性质,掌握其有效成分液相色谱分析的原理。
2.掌握液相色谱仪的基本原理,了解液相色谱的基本操作方法。
3.了解复方药鉴别过程中的一般鉴别实验和专属鉴别实验的原理和方法。

二、实验原理

复方利血平片是常用的降压药,药片呈类白色至微黄色,其配方见表 38-1。

表 38-1　复方利血平片的配方

配方成分	含量	配方成分	含量
利血平	32mg	泛酸钙	1.0g
氢氯噻嗪	3.1g	三硅酸镁	30g
硫酸双肼屈嗪	4.2g	氯化钾	30g
盐酸异丙嗪	2.1g	辅料	适量
维生素 B_1	1.0g	制成	1000 片
维生素 B_6	1.0g		

复方利血平降压的原理:利血平是一种吲哚型生物碱,为肾上腺素能神经阻滞剂,可妨碍肾上腺素能神经末梢内介质的贮存,将囊泡中具有升压作用的介质耗竭;硫酸双肼屈嗪为血管扩张药,可松弛小动脉平滑肌,降低外周阻力;氢氯噻嗪则为利尿降压药。三药联合应用有显著的协同作用,促进血压下降,提高疗效,从而降低各药的不良反应,同时,氢氯噻嗪能增加利血平和硫酸双肼屈嗪的降压作用,还能降低它们的水钠潴留的副作用。

51-PPT

对于复方利血平片的鉴定,药典中要求做有效成分的定性定量检测,鉴别方式包括一般鉴别和专属鉴别,对钾盐、维生素 B_1、维生素 B_6 等可以通过显色反应、沉淀反应等进行定性鉴定,再通过液相色谱对利血平、氢氯噻嗪、盐酸异丙嗪、维生素 B_1、维生素 B_6 和硫酸双肼屈嗪进行定性定量检测。本实验采用的是液相色谱定量分析方法。

三、预习要求

1.预习复方利血平片的基本理化性质和鉴别方法。

2.预习液相色谱的测定原理和基本操作方法,对于复方利血平片中有效成分所需的色谱柱、流动相等相关知识,以及样品的前处理方式。

四、仪器和试剂

1.仪器:高效液相色谱仪(具备紫外可见检测器);C18 液相色谱柱(250mm×4.6mm×5μm)或其他等效柱;容量瓶、移液管、天平、布氏漏斗、抽滤瓶、离心机等一般实验室常用仪器和设备;微孔滤膜(孔径为 0.45μm),全玻璃微孔滤膜过滤器。

2.试剂:(1)流动相 A:0.06mol/L 磷酸二氢钾溶液-甲醇(9+1,pH=3.0)。流动相B:乙腈。流动相C:缓冲液-乙腈-甲醇(8+1+1,缓冲液配方是 0.11%己烷磺酸钠,0.02%庚烷磺酸钠混合溶液,用冰醋酸调节 pH 值至 3.5)。

(2)稀释剂:醋酸钠溶液+乙腈(55+45)。醋酸钠溶液配制方式:醋酸钠 9.0g,加水1000mL 使溶解,加三乙胺 3.0mL,用冰醋酸调节 pH 值至 5.0。

(3)盐酸溶液(0.1mol/L),磷酸溶液(0.1%);利血平、氢氯噻嗪、盐酸异丙嗪、硫酸双肼屈嗪、维生素 B_1 与维生素 B_6 标准对照品;超纯水。

3.材料:复方利血平片剂。

五、实验内容

(一)样品前处理

取 2 片片剂样品,分别置于 25mL、100mL 容量瓶中,在两个容量瓶中分别加入适量的稀释剂、0.1%磷酸溶液,超声使各自溶解(片剂完全崩解),放冷至室温,然后在两个容量瓶中分别加入稀释剂、0.1%磷酸溶液,定容,于 4000r/min 的转速下进行离心。随后取离心后的上清液用 0.45μm 微孔滤膜过滤,取滤液作为样品溶液。两个容量瓶制备的溶液各自对应样品溶液①和样品溶液②。注意滤液要避光放置。

(二)测定

1.仪器参考条件

(1)利血平、氢氯噻嗪和盐酸异丙嗪的液相色谱参考条件:紫外检测波长 268nm,梯度洗脱条件如表 38-2 所示,流速 1.0mL/min。样品溶液①按照此条件分析。

表 38-2　利血平、氢氯噻嗪和盐酸异丙嗪的梯度洗脱条件

时间/min	流动相 A/%	流动相 B/%
0	100	0
4	100	0
7	65	35
20	65	35
21	100	0
25	100	0

注意:理论塔板数按利血平峰计算不低于3000,各主峰与其他色谱峰之间的分离度应符合要求。

(2)硫酸双肼屈嗪、维生素 B_1 和维生素 B_6 的液相色谱参考条件:紫外检测波长210nm,C 流动相,流速 1.0mL/min,采用等度洗脱。样品溶液②按照此条件分析。

注意:理论塔板数按硫酸双肼屈嗪峰计算不低于3000。

2.标准曲线的制作

(1)混合标准溶液 1 的配制:分别称取利血平对照品、氢氯噻嗪对照品和盐酸异丙嗪对照品适量,加稀释剂溶解并定量稀释制成每毫升溶液中约含利血平 $1.28\mu g$、氢氯噻嗪 $124\mu g$ 与盐酸异丙嗪 $84\mu g$ 的溶液。该混合标准溶液采用利血平、氢氯噻嗪和盐酸异丙嗪的液相色谱条件进行分析。

(2)混合标准溶液 2 的配制:分别称取硫酸双肼屈嗪对照品、维生素 B_1 对照品和维生素 B_6 对照品适量,加 0.1%磷酸溶液溶解并定量稀释制成每毫升溶液中约含硫酸双肼屈嗪 $42\mu g$、维生素 B_1 $10\mu g$ 与维生素 B_6 $10\mu g$ 的溶液。该混合标准溶液应用硫酸双肼屈嗪、维生素 B_1 和维生素 B_6 的液相色谱条件进行分析。

3.空白实验:在测定的同时,以样品的稀释液代替实际样品,进行空白实验。

4.样品的测定:取经前处理后的片剂样品溶液 $20\mu L$,分别按照两种仪器分析条件,注入液相色谱仪,记录色谱图。同时将对应的混合标准溶液按照同样的条件进行分析,结束后,按外标法以峰面积计算每片中各组分的含量。本方法使用单点法进行定量。

(三)计算

根据样品溶液定量结果,按式(38-1)计算片剂中组分 i 的质量分数。

$$\omega_i=\frac{(\rho_i-\rho_{i0})\times V}{m\times1000\times1000}\times100 \qquad (38-1)$$

式中:ω_i——片剂中组分 i 的质量分数,%;

ρ_i——样品溶液中组分 i 的质量浓度,mg/L;

ρ_{i0}——空白实验溶液中组分 i 的质量浓度,mg/L;

V——样品前处理的定容体积,mL;

m——样品片剂的质量,g。

六、数据记录与处理

请自行设计表格，并进行计算。

七、注意事项

1. 液相色谱分析时，注意液相色谱流动相使用前要超声混合，去除气泡，且不要有颗粒物。

2. 配制好的对照品和样品溶液应避光保存。

八、相关标准

中华人民共和国药典（2020 版）。

九、思考题

1. 如何计算各个化合物的理论塔板数？为什么要求理论塔板数大于 3000？

2. 请查阅药典和相关资料，简述维生素 B_1 和维生素 B_6 的定性分析方法，即一般鉴别方法。

3. 液相色谱流动相为什么要调节 pH 为酸性，这与分析的目标化合物有什么关系？

4. 分析 6 种化合物的时候，是否可以用液相色谱同时分析？

第6部分 综合实验方案设计

实验39　化工废水中综合性分析指标测定实验方案设计

一、实验背景

化学工业是以煤炭、石油、天然气、天然矿物、生物质等为原料生产有机和无机基本原料、合成材料、工业或农用化学品、精细与专用化学品的重要产业，同时也是一个多品种、多层次、配套性强、服务面广的基础产业，化工生产为各个行业的发展提供了必要的物质基础。但同时，化工生产带来的废水、废气、噪声等排放也对周边环境造成了不同程度的影响。

52-视频

在生态环保理念下，化工行业要对排放的废水进行有效的处理，保证排放废水中的各项污染物指标符合相关环境限值标准，从而使得对环境的污染尽可能降低。因此对于要排放到外环境的废水，必须通过检测，从而控制废水中的各项污染物指标。常见的废水检测指标可参考《污水综合排放标准》(GB 8978—1996)。

下面以某化工厂(该企业建厂时间为20世纪90年代，废水排放纳入当地污水处理厂)为案例，其产品为1-氨基蒽醌，年生产量为1000吨，分子式为$C_{14}H_9NO_2$，结构式见图39-1，生产工艺路线见图39-2，涉及的原料主要有蒽醌、硝酸、硫酸、亚硫酸钠、保险粉、硫化钠。

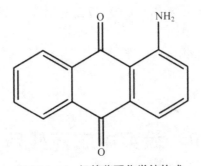

图39-1　1-氨基蒽醌化学结构式

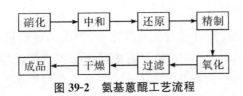

图39-2　氨基蒽醌工艺流程

115

主要涉及两步化学反应,分别是硝化反应和还原反应,反应方程式如图 39-3 所示。

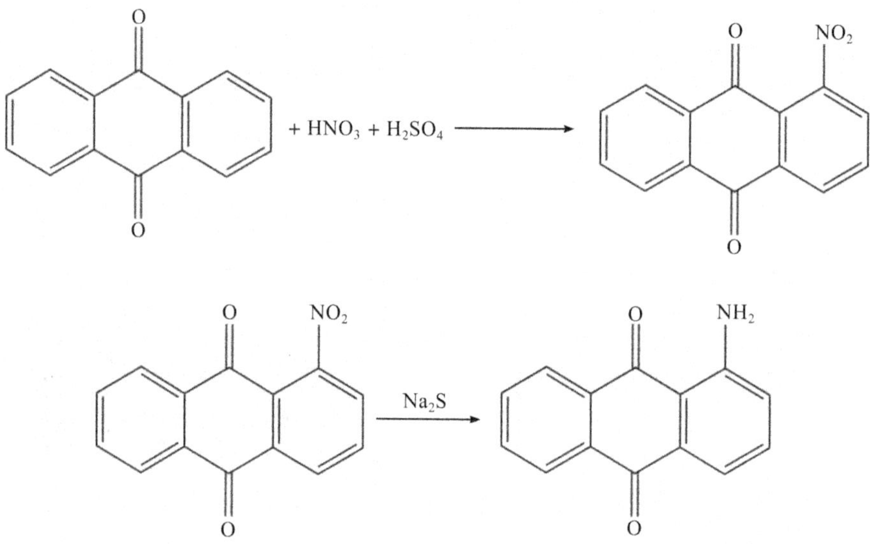

图 39-3　硝化反应和还原反应

二、实验目的与要求

1. 请根据以上情况,查阅相关资料和文献,设计该化工厂排放口废水检测方案,包括检测指标的确定,选择的检测方法,以及对于数据的判断分析等。

2. 根据检测方案,进一步细化设计化学或仪器分析方法测定该化工厂排放废水中主要污染物的检测内容,包括采样方法、样品前处理、实验步骤、结果处理等。

3. 了解水体污染物分析可采用的仪器、方法及原理,如滴定法、分光光度法、气相色谱法等。

4. 了解废水中相关污染物排放标准。

实验 40　蔬菜中农药残留量测定

一、实验背景

蔬菜是人们日常生活中必不可少的食物之一,为了提高产量,减少病虫害,缩短蔬菜生长期,在农业种植中不可避免地需要使用各类化肥和农药,因而对蔬菜造成不同程度的污染。随着人们生活水平的提高,对农产品质量安全的要求越来越高,因此农产品中农药残留的检测任务越来越重,比如我国农业部门对蔬菜农药残留例行监测的种类多达

58 种。国家也出台了多个果蔬中农药残留量及相关化学品残留量的检测方法,如《蔬菜和水果中有机磷、有机氯、拟除虫菊酯和氨基甲酸酯类农药的多残留测定》(NY/T 761—2008)、《水果和蔬菜中 450 种农药及相关化学品残留量的测定 液相色谱-串联质谱法》(GB/T 20769—2008)等。

除常规的检测方法外,有关蔬菜中农药残留快速检测方法也在不断研究中,比如利用表面增强拉曼光谱法测定农药残留、碳量子点荧光探针在农药残留检测中的应用、酶抑制法在蔬菜农药残留快速检测中的应用等,目的都是在于实现蔬菜中农药残留检测,保障食品安全。

下面以常见的大白菜、甘蓝、小白菜等叶菜类蔬菜为例,进行蔬菜中农药残留测定实验方案的设计。叶菜类蔬菜常用的农药为溴氰菊酯、有机磷农药、三唑类杀菌剂、氨基甲酸酯类农药等,用于防治菜青虫、蚜虫、杂草、灰霉病等。

二、实验目的与要求

1.请根据以上情况,查阅相关资料和文献,列出叶菜类蔬菜中农药残留量的常规检测方法和新兴的检测方法。

2.设计该叶菜类蔬菜中常见农药残留量检测方案,包括检测指标的确定、样品前处理过程、选择的分析仪器、选择的检测方法,以及对于数据的判断分析等。

3.了解蔬菜中农药残留常规检测分析可采用的仪器、方法及原理,如气相色谱法、液相色谱法等。

4.选择 2～3 种蔬菜,进行蔬菜中几种典型农药残留量的检测实验。

5.根据实验结果,编写实验报告,并将检测结果与国家相关标准限值比较。

实验 41　冲泡对不同茶叶中 微量元素的溶出影响

一、实验背景

茶是与咖啡、可可齐名的世界性饮料,是世界上饮用人数较多的饮料之一。茶叶中不仅含有咖啡因、儿茶素、茶多酚、维生素、氨基酸等对人体有益的生化成分,还含有参与生命活动的 Cu、Zn、Cr、Co、Ni、Sr 等多种微量元素。这些微量元素的含量虽然较低,却参与茶树的许多生理活动,故茶叶中矿物质元素的研究是茶学研究的重要内容。

茶叶中含有较多种类的微量元素,但因为产地、品种、加工工艺的不同,所含有的微量元素都存在一定差异。因此,应根据人体微量元素缺乏情况而选择性地饮用茶叶,如长期饮用一种茶叶会导致某些元素摄入过量而另外一些元素摄入不足,造成微量元素失衡,不利于人体健康。

我国是茶叶生产大国，有许多茶叶种类，包括绿茶、红茶、乌龙茶、白茶、黑茶等。茶叶冲泡方式为泡和煮，基本上以开水冲泡饮用茶汤居多，加水的比例和冲泡的次数对微量元素的溶出有明显的影响。进一步研究不同茶叶经热水冲泡后，其微量元素的溶出率，能更加直观地反映出消费者通过饮用茶汤所摄入微量元素的量。

下面以常见的红茶、绿茶、普洱茶等不同茶叶种类为例，通过设计不同冲泡次数对茶叶中微量元素的溶出实验，检测茶汤中的微量元素，从而了解冲泡对茶叶中微量元素的溶出影响。

二、实验目的与要求

1. 请根据以上情况，查阅相关资料和文献，设计开水冲泡或煮茶对茶叶中微量元素溶出影响的详细实验方案。方案中需要包括样品的前处理过程、所选择的仪器设备，以及相应的分析方法。

2. 根据检测方案，选择 2～3 种茶叶进行实验，对所得数据进行汇总整理。

3. 根据实验结果，编写实验报告。

4. 了解微量元素检测分析所包括仪器的原理和方法，如原子吸收法、电感耦合等离子体发射光谱法、电感耦合等离子体质谱法等。

实验 42　甘草制剂中甘草酸和
甘草苷的含量测定

一、实验背景

甘草以根入药，因为甜而得名，是我国最常用的大宗药材之一，始载于《神农本草经》，被列为上品。甘草在临床方剂中使用频率极高，素有"十方九草"之称，东汉张仲景的《伤寒论》中共有 113 种药方，用到甘草的就达 70 多方。甘草具有补脾益气、清热解毒、祛痰止咳、缓急止痛、调和诸药的功效。甘草不仅在传统中医药中占有一席之地，也是现代制药工业的重要原料，同时在食品、保健品、化妆品、烟草、石油、消防等许多行业中也有着非常重要的作用。同时，甘草也是荒漠半荒漠地区保持水土、改良土壤、防风固沙的重要植物。自 20 世纪 80 年代以来，我国甘草的年需求量一直在 3.75 万吨以上。

甘草中含有大量的活性成分，包括三萜类化合物和黄酮类化合物，如甘草甜素、甘草酸、异甘草酸、甘草苷、甘草素、甘草多糖等，发挥着抗癌、抗病毒、抗炎、保肝等多种药理作用。

不同基原甘草的有效成分含量差异显著，质量存在很大区别，对其进行有效鉴定对于保证临床用药的效果及安全性十分必要。

二、实验目的与要求

1. 查阅相关资料和文献，了解含有甘草的主要药物制剂，设计可行的方案进行甘草片和甘草制剂中主要活性成分甘草酸和甘草苷的测定，方案中需要包括样品的前处理过程、所选择的仪器设备以及相应的分析方法。

2. 根据检测方案，选择 2～3 种甘草片或甘草制剂进行实验。甘草制剂可选择复方甘草合剂、强力宁片、甘草浸膏、甘草酸单钾盐等。对所得数据进行汇总整理，按照 2020 版《中华人民共和国药典》进行有效成分含量的评价。

3. 根据实验数据，编写实验报告。

实验 43　大气降水中主要成分的测定和来源分析

一、实验背景

大气污染问题随着经济社会的快速发展、人口剧增、能源需求量不断加大而备受人们的关注。大气中污染物的去除有污染物自身的转化和干湿沉降两种主要方式，其中大气降水是大气颗粒物和气体污染物被有效清除的重要湿沉降过程，也更容易引起大家的关注。大气降水主要包括雨、雪、雹等多种形式。

受到多种污染气体、悬浮颗粒物可溶成分、二氧化碳，以及人类活动所造成的二氧化硫、氮氧化物等酸性气体的增加等多种因素的影响，降水中往往含有多种离子成分，常见的有 Na^+、Mg^{2+}、NH_4^+ 等阳离子，还有 SO_4^{2-}、NO_3^-、Cl^- 等阴离子。由于受到各类化合物的影响，pH 往往会发生明显变化。降水的 pH 和电导率是大气污染程度的特征性反映，电导率较高表明大气降水中各离子的浓度相对较高，pH 反映了大气污染物中酸性气体物质的含量。根据国家标准《酸雨观测规范》(GB/T 19117—2017)，将 pH 小于 5.60 的大气降水定义为酸雨。

由于人类活动所造成大气组分如 SO_4^{2-}、NO_3^- 或其他酸性气体的增加，降水后可能会导致严重的酸沉降，而酸沉降的积累则可能会减弱陆地生态系统以及水生生态系统对酸的缓冲性能。土壤中 SO_4^{2-}、NO_3^- 的释放量增加，生态系统酸化风险提高。此外，气体颗粒物中所含的重金属元素通常被认为是人类健康和生态和谐潜在的一种威胁，微量的重金属元素通过降水进入水生生态系统可能会对水生生物产生毒害作用。通过对大气降水化学组分的研究可以反映大气污染程度、判断大气污染因子等情况，从而有利于地区大气污染的预防与控制。

二、实验目的与要求

1. 查阅相关资料和文献，了解大气降水主要成分。

2. 设计对本地区降水主要成分指标的分析方案，方案中包括样品的前处理过程、所选择的仪器设备以及分析方法。

3. 根据设计方案，开展若干次本地区降水的收集，进行 pH 和电导率的检测，对于其他项目根据已具备的条件选择一种可行的方法进行测定。

4. 根据所获得的数据编写实验报告，并进行大气降水评价。同时，结合年度降水情况讨论主要成分的来源，并与其他地区的降水分析情况进行比较。

实验 44　景观水体富营养化分析

一、实验背景

景观水体是人类利用天然的或人为建造的具有美学欣赏价值的水体，广泛存在于城市、乡村以及各类旅游景点，包括但不限于各类人工、自然湖泊，城市河渠，住宅小区内缓流的河渠及池塘。

作为人类生存环境中的重要组成部分，景观水体的存在不仅具有美观作用，同时也具有生态功能、经济价值，更是与人们的生活质量水平息息相关。由于景观水体大多是封闭或者半封闭系统，水流缓慢，自净能力弱，容易受到周围环境与人类活动的影响。生活污水和地表径流等污水进入景观水体之后容易造成污染物积聚，若得不到及时处理，会导致水体富营养化。发臭发黑的景观水体不仅失去了其景观价值，同时为蚊虫、病菌的滋生提供了环境，严重威胁着周围居民的健康。

水体富营养化是指河流、水库和湖泊等水体在自然因素和人类活动的影响下，接纳过量的氮磷等营养盐，逐步由生产力水平较低的贫营养状态向生产力水平较高的富营养状态变化的一种现象。水华是指水体在富营养条件下出现藻类异常增殖，加速水质恶化和生态系统崩溃的现象。尽管目前水体富营养化及水华暴发的机理尚不十分清楚，但其发生与发展通常与以下 4 个方面的因素有关：①充足的营养物质，主要包括氮、磷等营养盐和有机质等；②适宜的气候条件，主要包括温度与光照等；③适宜的水动力条件，如缓慢的水流等；④水生态系统对藻类快速增长失去控制。

因此，了解城市景观水体的富营养化程度成为迫切需要解决的问题。通过长期跟踪监测水体的水质状况，可提炼和识别水体富营养化的主要影响因素，有助于更好理解富营养化的原因，对进一步预测富营养化趋势及提出有效治理措施具有重要意义。

二、实验目的与要求

1. 查阅相关资料和文献，了解如何识别水体富营养化程度。

2. 选择本地区典型的几处景观用水，可以包括校园内的景观用水，设计分析景观用水富营养化程度的方案，方案中需有采样方案、分析检测因子、样品的前处理过程、所选择的仪器设备以及分析方法。

3. 根据设计方案，选择 1～2 处景观水体，安排不同的采样时间，开展若干次景观水体样品的收集，进行富营养化相关指标的检测。

4. 根据所获得的数据编写实验报告，并对其不同时空模式下的富营养化程度进行评价，讨论主要成分的来源，与其他类似地区的景观水体的富营养化程度进行比较。

实验 45　生活中酸碱指示剂的制备与应用

一、实验背景

酸碱指示剂本身是一种有机弱酸或弱碱，当溶液 pH 改变时，它本身的结构发生了变化，从而引起颜色的变化。滴定分析中经常用到酸碱指示剂来指示滴定终点，酚酞被认为是最成功的人工合成的指示剂。

在人工合成指示剂前，化学实验中应用植物含有的植物色素作为酸碱指示剂。例如生活中常见的紫色果蔬中往往含有植物色素花色苷类物

53-视频

质，其成分是 2-苯基苯并吡喃阳离子的含氧衍生物或䧲盐离子的多羟基及多甲氧衍生物，其在酸碱溶液中由于结构转化而引发颜色变化，因此可作为生活中的酸碱指示剂。

除了紫色果蔬外，还有胡萝卜、红玫瑰、红康乃馨、浅粉百合、黄菊花、洋葱等多种果蔬、花卉的色素提取物可以作为酸碱指示剂。下面请选择 3～4 种不同类别的果蔬、花卉进行酸碱指示剂的制备，并将其应用于酸碱滴定分析，比较这些酸碱指示剂的差异。

二、实验目的与要求

1. 查阅相关资料和文献，了解酸碱指示剂指示颜色的原理，查找适合制作酸碱指示剂的果蔬、花卉等植物。

2. 设计酸碱指示剂的制备和酸碱滴定应用的方案，需包括植物的前处理过程、指示剂的变色应用、与人工合成指示剂的比较等内容。

54-视频

3. 根据以上方案，选择 1～2 种植物开展实验。

4. 根据实验结果，编写实验报告，并讨论自制指示剂的适用范围以及优缺点。

参考文献

[1] 杜文婷. 药物化学实验教程[M]. 杭州:浙江大学出版社,2017.

[2] 国家环境保护总局《水和废水监测分析方法》编委会. 水和废水监测分析方法[M]. 4 版. 北京:中国环境科学出版社,2002.

[3] 江丰,彭青枝,吴婉琴,等. 环己基氨基磺酸钠衍生产物确证及其转化机制研究[J]. 食品科技,2020,45(9):247-252.

[4] 刘彬,李爱民,贺小敏,等. 固相萃取-高效液相色谱法测定废水中的酚类化合物[J]. 中国环境监测,2015,31(3):155-160.

[5] 钱玲慧,廖佳宇,李亚妮,等. 测定维生素 A 的三种方法比较[J]. 实验技术与管理,2012,29(5):43-48.

[6] 王巧荣,李洁,王海波,等. HPLC 同时测定复方四嗪利血平片中 6 种成分的含量及含量均匀度[J]. 华西药学杂志,2019,34(3):294-297.

[7] 谢云,倪开勤,徐天玲,等. 药物分析实验[M]. 武汉:华中科技大学出版社,2012.

[8] 张利萍,杜娟,陈笑. 高效液相色谱法测定酚类物质的探讨[J]. 内蒙古石油化工,2020,46(12):52-53.